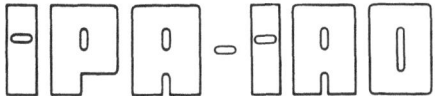

Forschung und Praxis

Band 98

Berichte aus dem
Fraunhofer-Institut für Produktionstechnik
und Automatisierung (IPA), Stuttgart,
Fraunhofer-Institut für Arbeitswirtschaft
und Organisation (IAO), Stuttgart, und
Institut für Industrielle Fertigung und
Fabrikbetrieb der Universität Stuttgart

Herausgeber: H. J. Warnecke und H.-J. Bullinger

R.-J. Ahlers

Die optische Rauheitsmessung in der Qualitätstechnik

Mit 56 Abbildungen und 2 Tabellen

Springer-Verlag
Berlin Heidelberg New York Tokyo 1986

Dipl.-Ing. R.-J. Ahlers
Fraunhofer-Institut für Produktionstechnik und Automatisierung (IPA), Stuttgart

Dr.-Ing. H. J. Warnecke
o. Professor an der Universität Stuttgart
Fraunhofer-Institut für Produktionstechnik und Automatisierung (IPA), Stuttgart

Dr.-Ing. habil. H.-J. Bullinger
o. Professor an der Universität Stuttgart
Fraunhofer-Institut für Arbeitswirtschaft und Organisation (IAO), Stuttgart

D 93

ISBN-13:978-3-540-17242-0   e-ISBN-13:978-3-642-82950-5
DOI: 10.1007/978-3-642-82950-5

Das Werk ist urheberrechtlich geschützt. Die dadurch begründeten Rechte, insbesondere die der Übersetzung, des Nachdrucks, der Entnahme von Abbildungen, der Funksendung, der Wiedergabe auf photomechanischem oder ähnlichem Wege und der Speicherung in Datenverarbeitungsanlagen bleiben, auch bei nur auszugsweiser Verwendung, vorbehalten. Die Vergütungsansprüche des § 54, Abs. 2 UrhG werden durch die „Verwertungsgesellschaft Wort", München, wahrgenommen.
© Springer-Verlag, Berlin, Heidelberg 1986.

Die Wiedergabe von Gebrauchsnamen, Handelsnamen, Warenbezeichnungen usw. in diesem Werk berechtigt auch ohne besondere Kennzeichnung nicht zu der Annahme, daß solche Namen im Sinne der Warenzeichen- und Markenschutz-Gesetzgebung als frei zu betrachten wären und daher von jedermann benutzt werden dürften.

Gesamtherstellung: Copydruck GmbH, Heimsheim
2362/3020—543210

Geleitwort der Herausgeber

Futuristische Bilder werden heute entworfen:

o Roboter bauen Roboter,
o Breitbandinformationssysteme transferieren riesige Datenmengen in Sekunden um die ganze Welt.

Von der "menschenleeren Fabrik" wird da gesprochen und vom "papierlosen Büro". Wörtlich genommen muß man beides als Utopie bezeichnen, aber der Entwicklungstrend geht sicher zur "automatischen Fertigung" und zum "rechnerunterstützten Büro". Forschung bedarf der Perspektive, Forschung benötigt aber auch die Rückkopplung zur Praxis – insbesondere im Bereich der Produktionstechnik und der Arbeitswissenschaft.

Für eine Industriegesellschaft hat die Produktionstechnik eine Schlüsselstellung. Mechanisierung und Automatisierung haben es uns in den letzten Jahren erlaubt, die Produktivität unserer Wirtschaft ständig zu verbessern. In der Vergangenheit stand dabei die Leistungssteigerung einzelner Maschinen und Verfahren im Vordergrund. Heute wissen wir, daß wir das Zusammenspiel der verschiedenen Unternehmensbereiche stärker beachten müssen. In der Fertigung selbst konzipieren wir flexible Fertigungssysteme, die viele verkettete Einzelmaschinen beinhalten. Dort, wo es Produkt und Produktionsprogramm zulassen, denken wir intensiv über die Verknüpfung von Konstruktion, Arbeitsvorbereitung, Fertigung und Qualitätskontrolle nach. Rechnerunterstützte Informationssysteme helfen dabei und sollen zum CIM (Computer Integrated Manufacturing) führen und CAD (Computer Aided Design) und CAM (Computer Aided Manufacturing) vereinen. Auch die Büroarbeit wird neu durchdacht und mit Hilfe vernetzter Computersysteme teilweise automatisiert und mit den anderen Unternehmensfunktionen verbunden. Information ist zu einem Produktionsfaktor geworden, und die Art und Weise, wie man damit umgeht, wird mit über den Unternehmenserfolg entscheiden.

Der Erfolg in unseren Unternehmen hängt auch in der Zukunft entscheidend von den dort arbeitenden Menschen ab. Rationalisierung und Automatisierung müssen deshalb im Zusammenhang mit Fragen der Arbeitsgestaltung betrieben werden, unter Berücksichtigung der Bedürfnisse der Mitarbeiter und unter Beachtung der erforderlichen Qualifikationen. Investitionen in Maschinen und Anlagen müssen deshalb in der Produktion wie im Büro durch Investitionen in die Qualifikation der Mitarbeiter begleitet werden. Bereits im Planungsstadium müssen Technik, Organisation und Soziales integrativ betrachtet und mit gleichrangigen Gestaltungszielen belegt werden.

Von wissenschaftlicher Seite muß dieses Bemühen durch die Entwicklung von Methoden und Vorgehensweisen zur systematischen Analyse und Verbesserung des Systems Produktionsbetrieb einschließlich der erforderlichen Dienstleistungsfunktionen unterstützt werden. Die Ingenieure sind hier gefordert, in enger Zusammenarbeit mit anderen Disziplinen, z. B. der Informatik, der Wirtschaftswissenschaften und der Arbeitswissenschaft, Lösungen zu erarbeiten, die den veränderten Randbedingungen Rechnung tragen.

Beispielhaft sei hier an den großen Bereich der Informationsverarbeitung im Betrieb erinnert, der von der Angebotserstellung über Konstruktion und Arbeitsvorbereitung, bis hin zur Fertigungssteuerung und Qualitätskontrolle reicht. Beim Materialfluß geht es um die richtige Aus-

wahl und den Einsatz von Fördermitteln sowie Anordnung und Ausstattung
von Lagern. Große Aufmerksamkeit wird in nächster Zukunft auch der
weiteren Automatisierung der Handhabung von Werkstücken und Werkzeugen sowie der Montage von Produkten geschenkt werden.

Von der Forschung muß in diesem Zusammenhang ein Beitrag zum Einsatz
fortschrittlicher intelligenter Computersysteme erfolgen. Planungsprozesse müssen durch Softwaresysteme unterstützt und Arbeitsbedingungen wissenschaftlich analysiert und neu gestaltet werden.

Die von den Herausgebern geleiteten Institute, das

- Institut für Industrielle Fertigung und Fabrikbetrieb der Universität Stuttgart (IFF),

- Fraunhofer-Institut für Produktionstechnik und Automatisierung (IPA),

- Fraunhofer-Institut für Arbeitswirtschaft und Organisation (IAO)

arbeiten in grundlegender und angewandter Forschung intensiv an den
oben aufgezeigten Entwicklungen mit. Die Ausstattung der Labors und
die Qualifikation der Mitarbeiter haben bereits in der Vergangenheit
zu Forschungsergebnissen geführt, die für die Praxis von großem
Wert waren. Zur Umsetzung gewonnener Erkenntnisse wird die Schriftenreihe "IPA-IAO - Forschung und Praxis" herausgegeben. Der vorliegende
Band setzt diese Reihe fort. Eine Übersicht über bisher erschienene
Titel wird am Schluß dieses Buches gegeben.

Dem Verfasser sei für die geleistete Arbeit gedankt, dem Springer-Verlag für die Aufnahme dieser Schriftenreihe in seine Angebotspalette und der Druckerei für saubere und zügige Ausführung. Möge das
Buch von der Fachwelt gut aufgenommen werden.

H. J. Warnecke · H.-J. Bullinger

Vorwort

Die vorliegende Abhandlung entstand auf der Grundlage theoretischer und experimenteller Arbeiten während meiner Tätigkeit als wissenschaftlicher Mitarbeiter am Fraunhofer Institut für Produktionstechnik und Automatisierung (IPA), Stuttgart.
Herrn Prof. Dr.-Ing. H.-J. Warnecke danke ich für die Förderung, meinem Mitberichter Prof. Dr. phil., Dipl.-Ing. H. Tiziani für die gründliche Durchsicht und die konstruktive Kritik, die mir wertvolle Hinweise erbrachten.
Dr. rer. nat. K. Melchior sei an dieser Stelle für sein Verständnis und die aufmunternde Unterstützung gedankt.
Vielen Institutskolleginnen und -kollegen danke ich für die tätige Mithilfe; namentlich Frau Y. Niemand, Frau A. Mildner und Frau C. Berse, die durch Ihre Hilfsbereitschaft zum Gelingen der Arbeit beigetragen haben.
Mein besonderer Dank gilt meinem Freund und Kritiker Dr. rer. nat. M. Rueff, der sich sehr viel Zeit nahm, im Rahmen von fruchtbaren Diskussionen den Inhalt meiner Arbeit zu besprechen.
Am Schluß sei auch meinem Eltern gedankt, die die Grundlagen für meinen - nicht nur akademischen - Werdegang schufen.

Stuttgart, September 1986   Rolf-Jürgen Ahlers

Inhaltsverzeichnis

0	Verwendete Abkürzungen	- 12 -
1	Einleitung	- 14 -
2	Stand der Rauheitsmessung	- 17 -
2.1	Normen und Richtlinien	- 20 -
2.2	Berührende und nicht-optische Verfahren zur Rauheitsmessung	- 24 -
2.2.1	Tastschnittverfahren	- 24 -
2.2.2	Prinzip der springenden Tastnadel	- 28 -
2.2.3	Prinzip der rotierenden Tastnadel	- 30 -
2.2.4	Kapazitive Verfahren	- 31 -
2.2.5	Pneumatische Verfahren	- 32 -
2.2.6	Oberflächen-Tunneleffekt	- 32 -
2.3	Optische Verfahren zur Rauheitsmessung	- 35 -
2.3.1	Rasterelektronenmikroskope (REM)	- 37 -
2.3.2	Lichtschnittverfahren	- 41 -
2.3.3	Interferenzverfahren	- 43 -
2.3.4	Sensorsysteme mit dynamischer Fokussierung	- 44 -
2.3.5	Sensoren zur Erfassung der räumlichen Abstrahlcharakteristik	- 49 -

3	Praxisgerechte Anforderungen an ein optisches Verfahren zur Rauheitsmessung	- 52 -
4	Die Weißlicht-Methode zur optischen Ermittlung der Oberflächenrauheit	- 55 -
4.1	Theoretische Betrachtungen	- 58 -
4.1.1	Systemtheoretischer Ansatz	- 58 -
4.1.2	Wechselwirkungen von Lichtwellen mit Oberflächen - eine Zusammenfassung grundlegender Abhängigkeiten	- 70 -
4.1.3	Die rauhe Oberfläche als Zufallsprozeß	- 76 -
4.2	Numerische Simulation	- 83 -
4.2.1	Erzeugung von Oberflächenprofilen	- 85 -
4.2.2	Ergebnisse der numerischen Simulation	- 87 -
4.3	Experimentelle Ergebnisse	- 91 -
4.4	Dynamisierung des optischen Rauheitssensors	- 97 -
4.4.1	Einsatz regelmäßiger Sensoranordnungen	- 97 -
4.4.2	Einsatz eines Drehspiegels	- 100 -
4.4.3	Lateral bewegtes Prisma	- 101 -
4.4.4	Rotierende Spirale und Spalt	- 101 -
4.5	Alternative Verfahren der optischen Signalauswertung - Fraktale Dimensionen	- 102 -

5	Zusammenfassung und Ausblick	- 107 -
6	Literaturverzeichnis	- 110 -
7	Anhang	- 126 -
7.1	Erzeugung von Oberflächenverteilungen durch Markov-Prozesse	- 126 -
7.2	Farbphotos von Phasenkontrast--Strukturen	- 129 -
7.3	Masken zur Dynamisierung des optischen Aufbaus	- 130 -
7.4	Profilformen von Oberflächen	- 131 -
7.5	Einfluß der spektralen Verteilung auf den optischen Kontrast	- 133 -

0   Verwendete Abkürzungen

a   µm   Längenmaßstab für die Bestimmung der Fraktalen
                     Dimension
B   n.W.   Komplexe Feldstärke in der Bild- bzw.
                     Beobachtungsebene
C   n.W.   Optischer Kontrast
c   m/s   Lichtgeschwindigkeit
D   n.W.   Fraktale Dimension
d   n.W.   Amplitudenwichtung des beleuchteten Oberflä-
                     chenbereichs
$\underline{f}$ 1/mm   Ortsfrequenzvektor ($\underline{f}$ = (f,g))
H   n.W.   Systemübertragungsfunktion
h_{grenz} µm   Grenzhöhe der Oberfläche (Rayleigh-Kriterium)
H_M n.W.   Übertragungsfunktion eines Mediums
I_B n.W.   Intensität in der Bild- bzw. Beobachtungsebene
I_Q n.W.   Intensität einer Lichtquelle
J   n.W.   Kohärenzfunktion (mutual intensity)
                     für T ---> 0
K   n.W.   Korrelationsfunktion
k   1/µm   Wellenzahl
k_0 1/µm   Wellenzahl des schwingenden Dipols
l_c µm   Kohärenzlänge der Oberfläche
n   n.W.   Brechungsindex
O   n.W.   Komplexe Feldstärke in der Objektebene
Ō   n.W.   Fouriertransformierte von O
$\overline{O}$ n.W.   Zeitliche Mittelwertbildung
<O>   n.W.   Ensemble-Mittelwertbildung
R   mm   Abstand zum Beobachtungspunkt
R_a µm   Arithmetischer Mittenrauhwert
R_{pk} µm   Reduzierte Spitzenhöhe des Entwurfs für
                     DIN 4776
R_q µm   Quadratischer oder geometrischer Mittenrauhwert
R_z µm   Gemittelte Rauhtiefe
$\underline{r}$ mm   Vektordarstellung (Objektebene $\underline{r}$ = (x,y,z))
$\underline{r}^+$ mm   Ortsvektoren in der Bild- bzw. Beobachtungsebene
$\underline{r}'$ mm   Ortsvektoren in der Bild- bzw. Beobachtungsebene

r_{koh}	µm	Radius kohärent beleuchteter Flächen bei partiell kohärenter Beleuchtung
r_{inkoh}	µm	Radius, der den Beginn inkohärent beleuchteter Flächen bezeichnet, bei partiell kohärenter Beleuchtung
S	µm	Standardabweichung
S_N	n.W.	Streukennwert zur Charakterisierung der Streulichtverteilung
T	s	Zeitverschiebung zweier Lichtwellen zueinander (Phasenverschiebung)
V	µm²	Varianz
W	µm	Eikonalfunktion
w	1/s	Kreisfrequenz
α		Winkel zur Beschreibung des Lichteinfalls bzw. der Streuung an Grenzflächen
β		Winkel zwischen Bezugslinie und Tangentenrichtung im Beobachtungspunkt des Höhenprofils
ϵ	As/Vm	Dielektrizitätskonstante
Γ		Kohärenzfunktion (mutual coherence)
μ	Vs/Am	Permeabilität
λ	µm	Lichtwellenlänge
λ_c	µm	Cut-Off-Wellenlänge des Tastschnittgerätes
σ	A/V	Leitfähigkeit eines Mediums
ϕ	m	Phasenfaktor der Lichtwellen
H*O		Faltung der Größen H und O

, n.W. normierte bzw. einheitslose Werte

1 Einleitung

Der Zwang zum wirtschaftlichen Einsatz von Energie und Rohstoffen hat insbesondere im Bereich der industriellen Meßtechnik zu einer gesteigerten Nachfrage nach schnellen und möglichst rückwirkungsfrei einsetzbaren Meß- und Prüfsystemen geführt. Es hat sich dabei die Erkenntnis durchgesetzt, daß ein in der Produktion eingesetztes Meß- oder Prüfverfahren - im Gegensatz zu Laborverfahren - schon sehr früh sich ändernde produktionstechnische Bedingungen erfassen kann und deren Rückkopplung eine Verminderung von Ausschuß und eine Erhöhung der Qualität zur Folge hat.

Darüberhinaus hängt die wirtschaftliche Entwicklung eines Unternehmens nicht nur von Art und Umfang der erzeugten Produkte ab, in zunehmendem Maße entscheidet die Qualität über den wirtschaftlichen Erfolg oder Mißerfolg eines Produktes am Markt. Insbesondere dann, wenn sich das Endprodukt aus Teilen unterschiedlicher Zulieferanten zusammensetzt, ist im Sinne einer einwandfreien Funktionsfähigkeit, der zuverlässigen Passbarkeit und unpro-blematischen Austauschbarkeit auf hohe Qualitätsanforderungen Wert zu legen. Am Beispiel der Automobilindustrie oder besser noch im europäischen Flugzeugbau (Airbus) wird dies besonders deutlich /1.1,1.2/. Zielsetzung für moderne Produktionseinrichtungen muß deshalb die Integration eines Qualitätssicherungssystems sein, das auf einer weitgehend automatisierten Qualitätsprüfung aufbaut /1.3,1.4/. Produktionstechnische Veränderungen weg von der Massenfertigung hin zur Kleinserien- oder sogar Einzelfertigung lassen zusätzlich noch den Ruf nach intelligenten, selbst adaptierenden Sensorsystemen laut werden.

Eine automatisierte Prüfung der Produktqualität ist u.a.
deshalb anzustreben, weil einerseits der Mensch als Prüfer
zwar über enorme sensorische Fähigkeiten verfügt (dies
insbesondere bei der visuellen Prüfung), die Prüfergebnisse
aber subjektiven Einflüssen unterliegen, die nicht ohne
weiteres akzeptiert werden können /1.5,1.6/. Andererseits
werden viele Prüfaufgaben heute noch dezentral, meist in
einem Meßlabor, durchgeführt. Die auf diese Weise erzielte
stichprobenartige Qualitätsprüfung ist weitgehend unzureichend, da erst sehr spät Veränderungen im Produktionsablauf
rückgekoppelt werden können, der Aufwand an qualifziertem
Personal, insbesonders im Bereich mittelständischer Unternehmen, problematisch ist.

Erfolge der Informationstechnologie und -technik erlauben
eine umfangreiche Aufbereitung und Analyse anfallender Daten. Künstliche Intelligenz, integriert und angewandt in
sogenannten Experten-Systemen, führt zur symbolischen Verarbeitung von Informationen - ein effizienter Weg unter
Berücksichtigung von Wissens-Integration, -Akquisiton und
-Manipulation /1.7,1.8/.

Bei aller Euphorie bezüglich dieser Entwicklung - Problem
ist und bleibt die Art, wie die Daten erworben werden. Sensoren *), die den Erfordernissen moderner Fertigungseinrichtungen gerecht werden (dies betrifft insbesondere die optischen bzw. opto-elektronischen Sensoren) spielen eine wesentliche Rolle. Im Bereich der Rauheitsmessung, wo seit
Jahrzehnten das gleiche Prinzip der mechanischen Oberflächenabtastung Anwendung findet, wird dies besonders deutlich.

---
*) Unter "Sensor" soll hier ausschließlich das eigentliche
Wandlerelement für die jeweilige physikaliche Meßgröße
verstanden werden

Ziel der vorliegenden Abhandlung ist es, die Entwicklungen im Bereich der optischen Rauheitsmessung aufzuzeigen. Dies vor allem in bezug auf die Erfordernisse, wie sie sich im Bereich der Qualitätsprüfung nahe beim oder während des Fertigungsprozesses ergeben. Am Beispiel des sogenannten Weißlicht-Verfahrens wird sowohl auf theoretische als auch praxisorientierte Aspekte der optischen Rauheitsmessung eingegangen. Kritisch beleuchtet werden Vergleichsmethoden, die zu einer Bewertung der Leistungsfähigkeit optischer Systeme prinzipiell notwendig sind.

2   Stand der Rauheitsmessung

Jedes Werkstück weist Abweichungen von der geometrischen Idealgestalt auf, wobei zwischen Grob- und Feingestaltabweichung unterschieden wird (Bild 2.1). Die Rauheit, z.B. bedingt durch unmittelbare Einwirkung des Werkzeuges während des Herstellprozesses, zeigt sich in regelmäßig oder unregelmäßig wiederkehrenden Gestaltabweichungen (im allgemeinen als Eigenschaften der Oberflächenrandzone), wobei die vertikale Ausdehnung sehr gering ist im Verhältnis zur horizontalen /2.1/. Gängige Verhältniswerte liegen zwischen 1:150 und 1:5 /2.2/.

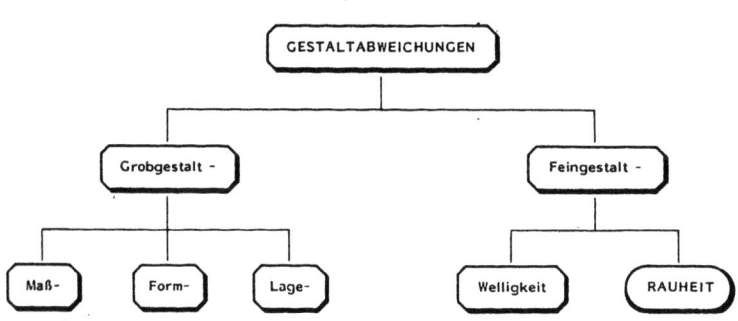

Bild 2.1: Die Rauheit als Element der Gestaltabweichung

Unbeabsichtigte örtliche Verformungen, Trennungen, Risse, Kratzer usw. zählen nicht mit zur Rauheit (Bild 2.2), gehen aber in die Messung von Rauheitskenngrößen mit ein; dies insbesondere bei vielen optischen Verfahren. Je nach Funktion,

die eine rauhe Oberfläche zu erfüllen hat, kommt ihrer
Rauheit eine sehr unterschiedliche Bedeutung als Qualitäts-
merkmal zu. Sie beeinflußt beispielsweise die Gleit- und
Rolleigenschaften von Lagern /2.3/ oder allgemein die Wechselwirkung zwischen sich berührenden Grenzflächen /2.4/,
ist ein Maß für die Haftfähigkeit von Lacken, kennzeichnet
das Korrosionsverhalten, wirkt auf unser ästhetisches
Empfinden (wir bewerten beispielsweise eine Oberfläche mit
Hilfe unseres Tastsinns als "angenehm" oder "unangenehm",
ohne uns dabei bewußt zu werden, daß diese Beurteilung von
der Oberflächenrauheit abhängig ist).

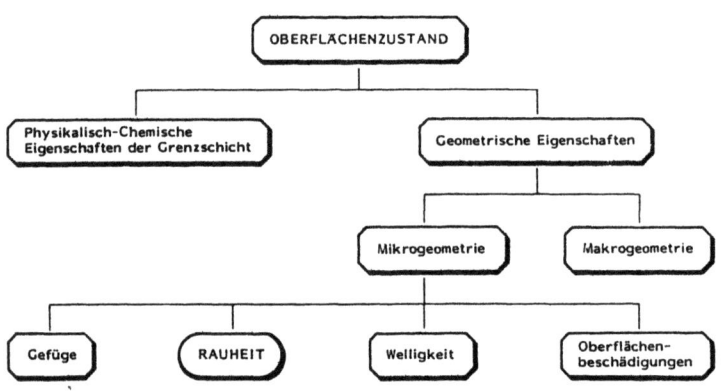

Bild 2.2: Die Rauheit als Kriterium des Oberflächenzustandes

Die Beurteilung der Rauheit beruht in der heutigen Praxis
auf der Messung eines sehr kleinen Flächenausschnitts, der
nur einen verschwindend kleinen Teil der gesamten Werkstückoberfläche ausmacht - sie ist somit stichprobenartig. Kritik an der Repräsentanz einer solchen stichprobenartigen
Oberflächenbeurteilung ist deshalb angebracht /2.5, 2.6,

- 19 -

2.7/. Eine weitere Einschränkung, im Hinblick auf eindeutige Aussagekraft, ist bedingt durch die Tatsache, daß die Oberflächenrauheit gewöhnlich nur entlang einer sehr kurzen Strecke ermittelt wird (vgl. Abschnitt 2.2.1), und dies nur eingeschränkt flächenhaft (einige optische Verfahren begegnen diesem Mangel jedoch; vgl. Abschnitt 4).

Industriell eingeführt und stark verbreitet sind die sogenannten Tastschnittgeräte, die die Mikrogeometrie in Form eines mechanisch abgetasteten Vertikalschnitts der Oberfläche beurteilen (Bild 2.3). Die Normungsarbeit hat diesem Umstand Rechnung getragen und sich überwiegend an diesen berührenden Geräten bei der Festlegung von Oberflächenkenngrößen orientiert.

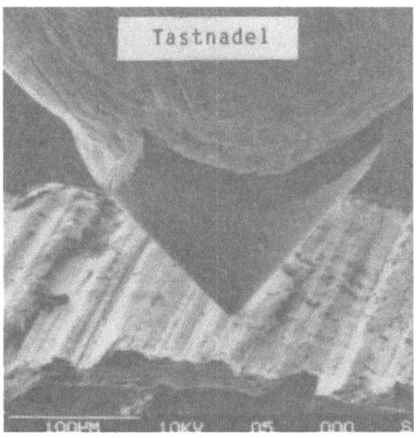

Bild 2.3: REM-Aufnahme einer Tastnadel auf einer rauhen Oberfläche

2.1 Normen und Richtlinien

Mit der Vereinheitlichung der Sprache und der Meßbedingungen in bezug auf die Erfassung und Bewertung von Oberflächen befaßt sich ein umfangreiches, nicht unumstrittenes Normenwerk /2.1/. Es erläutert Begriffe /2.8, 2.9 /, definiert Rauheitskenngrößen /2.10-2.12/, enthält Anmerkungen zu Zeichnungseintragungen /2.13- 2.14/, gibt Hinweise zur Prüfung durch den Menschen /2.15/. Der Messung und Auswertung von Kenngrößen /2.11,2.16,2.17/ ist dabei ebenso Rechnung getragen wie der Typologisierung /2.9/ und der Charakterisierung der Funktion von Oberflächen /2.18/. Zusammenfassend gibt Bild 2.4 die Behandlung der Rauheit in Normen und Richtlinien wieder.

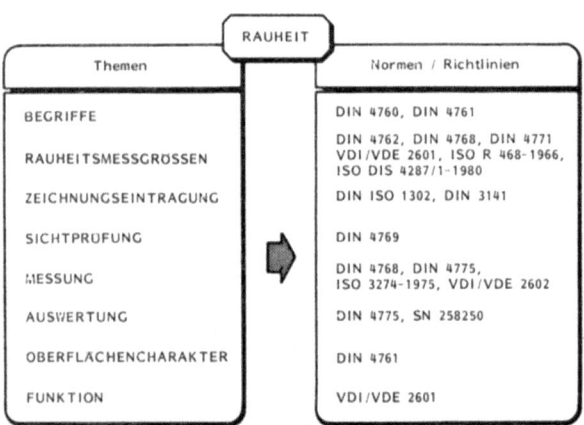

Bild 2.4: Die Rauheit in Normen und Richtlinien

Daß bei dieser Normungsarbeit "Glaubenskriege" unter den
Experten nicht ausblieben, ist wohl kaum verwunderlich und
auch zu einem gewissen Teil verständlich. Bedauerlich dabei
ist nur, daß bei den Praktikern in der Industrie, die die
eigentlichen Leidtragenden dieser Entwicklung sind, dadurch
mehr Verwirrung und Unsicherheit gestiftet wurden, als
Aufklärung und Hilfe erfolgten /2.5/.

Aktuell diskutieren Mitarbeiter des Normenausschusses "Länge
und Gestalt" (NLG 3) des Deutschen Instituts für Normung
(DIN) über neue Rauheitskenngrößen und deren Ersatz bzw.
Wegfall. Auch an die Vereinheitlichung der Voraussetzung
für phasenkorrigierte Filter ist gedacht, wobei hauptsächlich der Gestaltung einer "vernünftigen" Gewichtsfunktion besonderes Augenmerk gilt *). Ein Entwurf für DIN
47 76 sieht vor, die Abott'sche Traganteil-Kurve
durch Geraden zu approximieren und aus dieser Näherung weiterführende Erkenntnisse zu gewinnen. Auf diese Weise
könnte es möglich sein, bessere Kennzeichnungen des Funktionsverhaltens von Oberflächen zu erzielen (z.B. das Einlaufverhalten eines neues Motorkolbens durch die reduzierte
Spitzenhöhe R_{pk}).

Wie sinnvoll diese Kennwerte für die Praxis sind, ist Gegenstand laufender Untersuchungen. Insbesondere am Institut
für Meßtechnik im Maschinenbau, Universität Hannover, beschäftigen sich Mitarbeiter mit dieser Aufgabenstellung
/2.19/.

---

*) Es existieren in den prototypischen Geräten nationaler
und internationaler Hersteller unterschiedliche Verläufe
dieser Gewichtsfunktion (z.B. Dreiecksverlauf). Dies dürfte
im wesentlichen durch die Betrachtungsweise im Frequenz-
bzw. Ortsraum bedingt sein.

Für die mehr als 25 gängigen Rauheitsmeßgrößen (Bild 2.5), die nur teilweise in Normen und Richtlinien festgelegt sind, ist es von besonderer Bedeutung, die Meßbedingungen zu kennen, unter den sie gewonnen werden. So hat sich in unterschiedlichsten Vergleichsmessungen gezeigt, daß bei der Rauheitsmessung mit elektrischen Tastschnittgeräten die Meßwerte ein und desselben Oberflächenprofils sich bei unterschiedlichen Meßbedingungen um mehr als 100% voneinander unterscheiden können /2.5,2.20/. Meßwerte von Meßgrößen, deren Meßbedingungen nicht bekannt sind, lassen sich deshalb nicht sinnvoll interpretieren (Bild 2.6).

Einzelrauhtiefe Z		Profillängenverhältnis l_o		DIN 4762
MAXIMALE RAUHTIEFE Rmax	DIN 4768	Mittlerer Abstand örtlicher Profilunregelmäßigkeiten		DIN 4762
GEMITTELTE RAUHTIEFE Rz	DIN 4768 ISO R 468-1966 ISO 4287/1-1980	Arithmetischer Mittelwert der Profilneigungen Δa		DIN 4762
ARITHMETISCHER RAUHTIEFENWERT Ra	DIN 4768	Qudratischer Mittelwert der Profilneigungen Δq		DIN 4762
Rauhtiefe Rt	DIN 4762, DIN 4771	Mittlere Wellenlänge der Rauheit λa		DIN 4762
Grundrauhtiefe R3z		Schiefe der Rauheitsamplituden verteilung Sk		DIN 4762
Rauheitshöhe H				
Mittlere Rauheitsamplitude				
Mittl. Höhe d. Profilunregelmäßigkeit Rc	ISO 4287	Profiltraganteilkurve (Abbottsche Tragkurve)		DIN 4762
Qudratischer Mittenrauhwert Rq		Amplitudenverteilung (Amplituden-Dichte-Funktion)		DIN 4762
Glättungstiefe Rp	DIN 4762 VDI/VDE 2601	Autokorrelationskurve		
Taltiefe Rm		Meßgrößen für Rauheit und Welligkeit		
Mikroprofiltraganteil tpi	DIN 4762 VDI/VDE 2602	PROFILTIEFE Pt		DIN 4771
Mittlerer Rillenabstand Sm	DIN 4262	Makroprofil traganteil tpa		
Dichte der Profilerhebungen D	DIN 4762			

Bild 2.5: Rauheitsmeßgrößen und ihre Festlegung in Normen

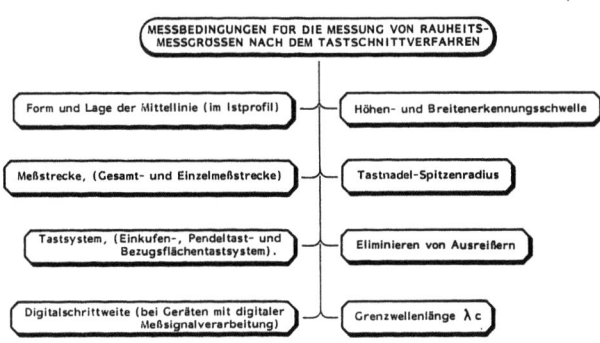

Bild 2.6: Meßbedingungen für die Rauheitsmessung mit Hilfe von Tastschnittverfahren /2.2/

2.2 Berührende und nicht-optische Verfahren zur Rauheitsmessung

Der Zwang, die Oberflächenprüfung zu automatisieren und möglichst nahe am Prozeß (z.B. innerhalb einer Bearbeitungsmaschine) Prüf- bzw. Meßdaten zu erhalten, führte zu einigen interessanten Entwicklungen im Bereich tastender Verfahren; Verfahren, die nicht rückwirkungsfrei die Oberflächenqualität bewerten.

Besonders im Bereich der Elektronikindustrie interessieren die Oberflächenstrukturen in feinsten Bereichen (einige Angström), so daß auch hierzu nachfolgend einige Hinweise gegeben werden.

2.2.1 Tastschnittverfahren

Wie bereits festgestellt: industriell eingeführt und weitgehend akzeptiert sind sogenannte Tastschnittgeräte, die mit einer Diamant-Tastnadel die Oberfläche abtasten und die Auslenkung der Tastnadel zur Rauheitsbestimmung heranziehen (Bild 2.3). Daß diese Verfahren nicht unproblematisch sind und entsprechende Meßergebnisse kritisch analysiert und bewertet werden müssen, zeigt sich nicht zuletzt in dem hohen Normungsaufwand, der bezüglich dieser Instrumente betrieben wurde. Speziell in der Physikalisch-Technischen Bundesanstalt (PTB), Braunschweig, und am Institut für Meßtechnik im Maschinenbau, Universität Hannover, widmet man sich dem Problemkreis "Oberflächenmessung mit Tastschnittgeräten". Zur Vereinheitlichung der Meßbedingungen und Vergleichbarkeit von Meßergebnissen wurden sogenannte PTB-Rauheitsnormale entwickelt, die eine Kalibrierung der Tastschnittgeräte /2.5,2.21/ erlauben (in den USA stehen Normale zur Verfügung, die ein sinusförmiges Profil aufweisen. Sie sind Entwicklungen des National Bureau of Standards, Gaithersburg /2.22/).

Die Auslenkung der Diamant-Tastspitze in vertikaler Richtung
wird nach einer entsprechenden Wandlung in ein elektrisches
Signal aufgezeichnet und ausgewertet. Dabei stellt der
Profilverlauf einen eindimensionalen Oberflächenschnitt
dar, der nur bedingt den realen Verlauf der Oberfläche
charakterisiert. Abhängig vom Radius der Diamantspitze,
den dynamischen Eigenschaften der gesamten Tastermechanik,
der Wandlung der Weginformation in ein elektrisches Signal,
der Art der elektrischen Filterung und Auswertung ergeben
sich Ist-Profile, die nur sehr bedingt dem Soll-Profil
der realen Oberfläche entsprechen (eine sehr gute Beschreibung dieser Abhängigkeiten gibt Kranz /2.23/).

Die stark überhöhte Aufzeichnung der Profildiagramme täuscht
steilere Flanken vor, als sie in Wirklichkeit vorhanden
sind. Analog oder digital arbeitende elektrische Filter
gestatten Anteile der Mikrogeometrie, beispielsweise Rauheit
und Welligkeit, voneinander zu trennen. Die dazu verwende-
ten Filter haben bestimmte Charakteristika, die für die
Bestimmung von Kennwerten entscheidend sind. Das Wellenfilter (cut-off) nach DIN 47 68 und ISO 32 74 filtert aus
dem Signal des abgetasteten Istprofils die langwelligen
Anteile heraus, die nicht der Rauheit zuzuordnen sind.
Durch dieses als Hochpaß arbeitende Filter wird eine Mittellinie im Profil als Bezugslinie für die Profilauswertung
gebildet, auf die entsprechende Rauheitsmeßgrößen bezogen
sind. Die Grenzwellenlänge λ_c, die den sogenannten "cut-off"
bedingt, zählt zu den wichtigsten Meßbedingungen für
Tastschnittgeräte. Weiterhin sind festgehalten die Meßstrecke, das benutzte Tastsystem (z.B. Bezugs-, Pendel-
oder Freitastsystem), Form und Lage der Mittellinie und die
Art, in der sogenannte Ausreißer eliminiert werden.

Als Wellenfilter verwendete RC-Filter haben die Eigenschaft,
überzuschwingen. Als Folge davon entstehen verzerrte Profildiagramme (Bild 2.7) und auch Verfälschungen der aus
diesen Profilen berechneten Rauheitsmeßgrößen. Neuere, phasen-

korrekte Filter in Tastschnittgeräten mit digitaler Meßsignalverarbeitung besitzen diesen Nachteil in erheblich geringerem Maße, sind aber derzeit nicht genormt /2.24/.

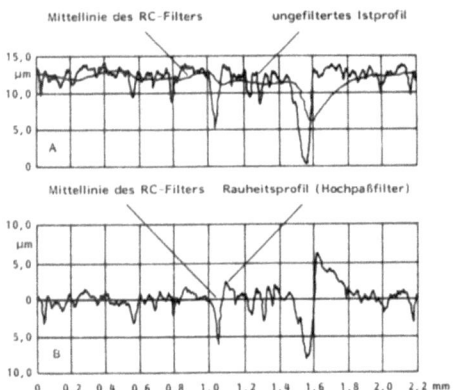

Bild 2.7: Einfluß sogenannter RC-Filter auf die Profilmessung

In Anbetracht der Inhomogenität technisch erzeugter Oberflächen und der durch das Meßverfahren bedingten Streuung reicht in der Regel eine einzige Messung nicht aus. Bei spanend hergestellten Flächen sind Standardabweichungen der Rauheitsmeßgrößen R_a und R_z bis zu 30% des Mittelwertes nicht außergewöhnlich /2.5/. Zwei an einem Werkstück gemessene R_z-Werte können sich um 100% unterscheiden. Nach DIN 47 75 gelten die in der Zeichnung angegebenen Rauheitsmeßwerte R_a oder R_z als Grenze, die allenfalls von 16% der Meßwerte überschritten werden darf, sie gilt also für den Mittelwert plus dem einfachen Betrag der Standardabweichung. In DIN 47 86 wird beschrieben, wie oft Wiederholungsmessungen durchgeführt werden sollen, bis entschieden werden kann, ob die Werkstückoberfläche dem in der Zeichnung vorgegebenen Grenzwert einer Rauheitsmeßgröße entspricht.

Nachteilig sind die begrenzten Möglichkeiten für eine automatisierte Oberflächenprüfung, die lange Meßzeit und die dadurch bedingten hohen Prüfkosten, ferner die angesichts einer kurzen Taststrecke fragwürdige Repräsentanz des Meßergebnisses. Vorteilhaft sind der große Meßbereich, eine vielseitige Anwendung, die Anschaulichkeit eines Profildiagramms und die Möglichkeit, alle mathematisch definierten Rauheitsmeßgrößen direkt zu ermitteln, und zwar sowohl die genormten als auch die nicht genormten *). Diese Vorzüge besitzen andere Oberflächenmeßverfahren nicht, was Probleme insbesondere im Hinblick auf die Einführung optischer Verfahren mit sich bringt.

Neue und neueste Entwicklungen im Zusammenhang mit den Tastschnittgeräten zeigen, daß es möglich ist, durch Wandlung der Tasterauslenkung über ein Interferenzmeßverfahren, die Genauigkeit dieser Geräte zu steigern /2.25-2.27/.

Über eine entsprechende opto-elektronische Einrichtung erfolgt die Auszählung der durch Interferenz entstehenden Hell-Dunkel-Übergänge bei der Tasterauslenkung (Bild 2.8).

---

*) Viele Firmen, insbesondere in der Automobilindustrie, stellen eigene firmeninterne Normen auf, die von Geräteherstellern zu erfüllen sind.

Aus den Aussagen dieses Abschnitts wird deutlich, wie problematisch ein Vergleich optischer Kennwerte mit den über das Tastschnittgerät ermittelten ist. Schon der Vergleich zweier Tastschnittgeräte unterschiedlicher Hersteller bringt Probleme mit sich - was darf dann erst im Hinblick auf den Vergleich zu optischen Prüfmethoden erwartet werden?

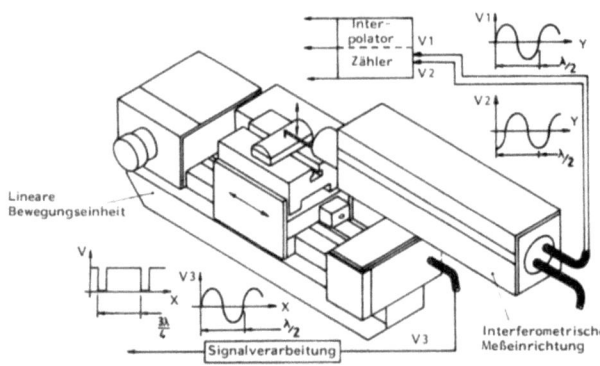

Bild 2.8: Tastschnittgerät mit integriertem Interferenzmeßkopf

2.2.2 Prinzip der springenden Tastnadel

Mit sehr hoher Tastgeschwindigkeit (0,1 bis 1 m/s) wird dieser mechanische Rauheitssensor relativ zur Oberfläche bewegt (Bild 2.9). Aufgrund des dynamischen Verhaltens des Feder-Masse-Systems hebt die Tastspitze von der Oberfläche zeitweilig ab und erzeugt auf diese Weise einen stetigen Wechsel zwischen Berühren und Nicht-Berühren der Oberfläche. Über piezokeramische Aufnehmer gewandelt, werden die Schwingungsamplituden aufgezeichnet und ausgewertet. Der Effektivwert des elektrischen Meßsignals kann in Vergleich zu Tastschnittkennwerten (z.B. R_a)gesetzt werden, woraus sich Kennlinien gemäß Bild 2.9b ergeben. Voraussetzung für reproduzierbare Meßergebnisse sind

- konstante Abtastgschwindigkeit
- exaktes Ausrichten der Oberfläche (im allgemeinen senkrecht zu den Bearbeitungsriefen)
- Kalibrierung (z.B. durch Messungen mit dem Tastschnittgerät)

Ergebnisse mit diesem Sensor, auch in bezug auf konstruktive Merkmale, finden sich bei Salje /2.28/. Messungen unter extremen Randbedingungen deuten auf einen vielseitig einsetzbaren, tastend die Oberflächen erfassenden Rauheitssensor hin (einige dieser Messungen bestanden in einem einjährigen Dauertest im Arbeitsraum einer Kurbelwellenschleifmaschine).

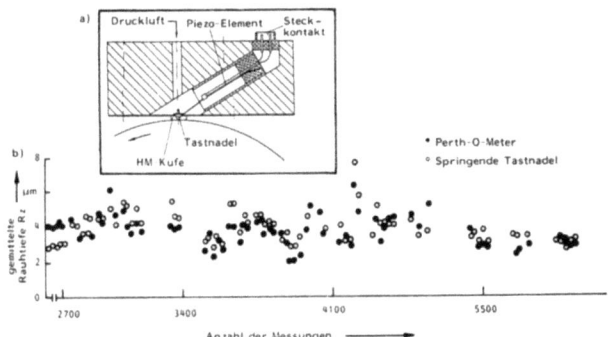

Bild 2.9: Rauheitsmeßsystem nach dem Prinzip der springenden Tastnadel: (a) Prinzipdarstellung (b) beispielhafte Kennlinien

2.2.3 Prinzip der rotierenden Tastnadel

Ein rotierender Meßgrößenaufnehmer, der es erlaubt, die Oberfläche des Werkstückes beim Rundschleifen zu erfassen, geht auf Dutschke und Rau /2.29/ zurück. Auf dem sich drehenden Werkstück rollt das Meßsystem ab (Bild 2.10). Die federnd gelagerte Tastnadel wird je Meßradumdrehung einmal auf die Oberfläche gedrückt und erfaßt dabei einen Punkt des Höhenprofils. Da das Meßrad die gleiche Geschwindigkeitskomponente in tangentialer Richtung aufweist wie das Werkstück, bedeutet dies eine Antastung ohne Relativbewegung. Aus mehreren hundert Einzelantastungen werden entsprechende Kennwerte zur Rauheitsbewertung ermittelt (z.B. R_a, R_z). Der Durchmesser des Meßkopfes muß so gestaltet sein, daß sich eine statistisch gesehen ausreichende Anzahl von Meßpunkten über dem gesamten Umfang des Meßobjektes ergibt.

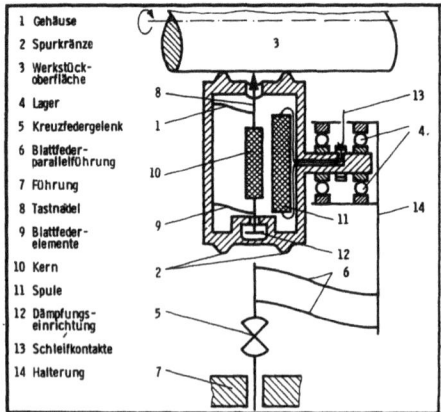

Bild 2.10: Rauheitsmessung nach dem Prinzip der rotierenden Tastnadel

2.2.4 Kapazitive Verfahren

Ebenfalls einen berührenden Sensor stellt das kapazitive System in Bild 2.11 dar. Obwohl vom physikalischen Prinzip her berührungslos, ist dennoch ein Kontakt des Meßkopfes mit der zu messenden Oberfläche notwendig /2.30/.

Der Meßkopf wird mit seiner flexiblen äußeren Kunststoffschicht auf den Prüfling gedrückt und paßt sich mehr oder weniger exakt dem Oberflächen-Profil an. Leitende Oberfläche und Meßelektrode bilden einen Kondensator, dessen Kapazität durch das Oberflächenprofil beeinflußt wird und somit meßtechnisch erfaßt werden kann. In das Meßergebnis geht neben den Rauheitskennwerten, wie z.B. Glättungs- bzw. Rauhtiefe, auch der Oberflächencharakter (z.B. Gauß-Verteilung des Höhenprofils) mit ein. Hierzu finden sich einige Bemerkungen bei Thurn /2.31/.

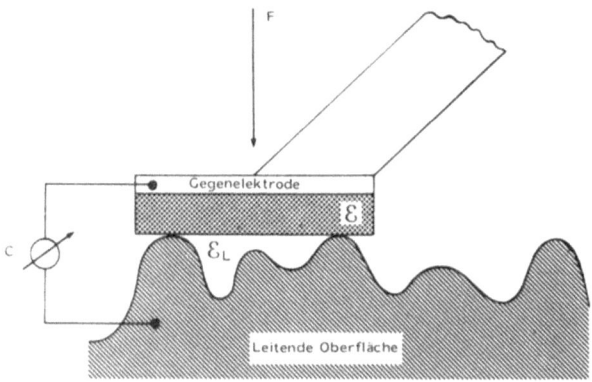

Bild 2.11: Kapazitives Verfahren zur Rauheitsmessung

2.2.5 Pneumatische Verfahren

Die Strömungseigenschaften von Luft hängen nicht zuletzt von der Rauheit der die Strömung beeinflussenden Oberflächen ab. So liegen Ergebnisse vor, die zeigen, daß dieser Effekt meßtechnisch erfaßbar ist /2.32/.

Bekannte Ergebnisse beziehen sich überwiegend auf experimentelle Untersuchungen im Labor oder Ergebnisse, die als Nebeneffekte bei anderen Problemstellungen auftraten. Marktgängige Systeme, die den pneumatischen Meßeffekt zur Rauheitsermittlung nutzen, sind dem Autor allerdings nicht bekannt.

2.2.6 Oberflächen-Tunnel-Effekt

Ein Extrem in Richtung Analyse feinster Oberflächenstrukturen stellt das nachfolgend beschriebene Verfahren, genannt Scanning-Tunneling-Microscopy (STM), dar. Es basiert auf dem Tunnel-Effekt, beschreibbar über die Welleneigenschaften von Elektronen, und eignet sich zur Erfassung von Oberflächenstrukturen im Bereich von mehreren Angström /2.33, 2.34/.

Die gebundenen Leitungselekronen eines Festkörpers sind aufgrund ihrer quantenmechanisch beschreibbaren Eigenschaften in einem Metall nicht auf die durch die Oberflächenatome festgelegte Randzone beschränkt. Ihr Ort, außerhalb der idealen Randbegrenzung der Oberfläche, läßt sich mit Hilfe einer Aufenthaltswahrscheinlichkeit beschreiben, die bedingt, daß die Elektronenkonzentration nicht abrupt auf Null an der Oberfläche abfällt, sondern diesem Wert gemäß einer exponentiellen Abhängigkeit im Bereich einiger Angström entgegenstrebt.

Nähert man nun zwei Oberflächen, die zu prüfende und eine
sehr feine Tastspitze (Bild 2.12), einander so, daß ihr
Abstand im Bereich von wenigen Angström liegt, kann nach
Anlegen einer geringen Spannung ein Tunnelstrom gemessen
werden. Dieser Strom hängt sowohl vom Abstand der beiden
Oberflächen und der angelegten Spannung, als auch vom Verlauf des exponentiellen Abfalls der Ladungskonzentration
ab. Wird die Spitze präzise an der zu untersuchenden Oberfläche vorbeibewegt, unter Beibehaltung eines konstanten
Tunnelstromes, so gibt die Spitzenauslenkung die Oberflächentopographie im atomaren Bereich wieder.

Eine Dynamisierung der Antastung durch die harmonische
Bewegung der Tastspitze erlaubt die lokale Ermittlung der
Austrittsarbeit der Elektronen.

Daß die Messungen nicht unproblematisch sind, machen die
feinen zu erfassenden Dimensionen klar. Es müssen deshalb
Maßnahmen getroffen werden, eine hochpräzise Vibrationsentkopplung mit der Meßumgebung zu erreichen.

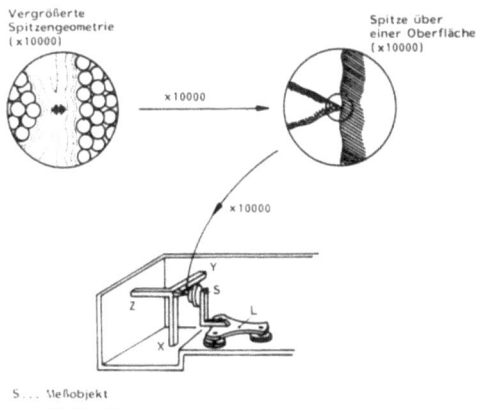

Bild 2.12: Oberflächenantastung nach dem STM-Prinzip

In den Forschungslaboratorien der Firma IBM laufen derzeit
Untersuchungen, die den Nachweis dieses Verfahrens für
unterschiedliche industrielle Anwendungen liefern sollen.

Erste qualitative Ergebnisse liegen an reinen Metall-,
Halbleiter- und absorbierenden Oberflächen vor /2.33, 2.34/.
Auch für chemische Prozesse, die sich überwiegend an den
Oberflächenrandschichten abspielen, dürfte diese Meßmethode
weitreichende Einblicke vermitteln.

2.3 Optische Verfahren zur Rauheitsmessung

Optische Verfahren zur Bestimmung der Oberflächenrauheit gewinnen nicht erst in letzter Zeit zunehmend an Bedeutung. Schon Schmaltz beschreibt 1936 in seiner "Technischen Oberflächenkunde" /2.35/ Verfahren, die erst heute mit Hilfe der modernen Mikroelektronik sinnvoll eingesetzt werden können.

Zur Beschreibung der Wechselwirkung zwischen elektromagnetischen Wellen und rauhen Oberflächen ist eine eindeutige Festlegung des Begriffes "rauh" in bezug auf die eingesetzte Wellenlänge der elektromagnetischen Strahlung notwendig. Ist der die Rauheit der Oberfläche kennzeichnende Parameter R (z.B. R_a bzw. R_q) wesentlich kleiner als die Wellenlänge, so soll die Oberfläche als "spiegelnd" bezeichnet werden: die einfallende Lichtintensität I_1 wird - idealisiert - dem Gesetz der spiegelnden Reflexion entsprechend unter dem Winkel $\alpha_1 = \alpha_2$ reflektiert.

Nimmt die Rauheit zu, so verteilt sich die rückgestreute Lichtintensität auf Raumbereiche, die von der spiegelnden Reflexion abweichen, die rückgestreute Strahlung wird diffuser. Zur Unterscheidung der Fälle, bei denen R ungefähr gleich der Wellenlänge bzw. R wesentlich größer als die Wellenlänge ist, sollen die Begriffe "glatt" bzw. "rauh" herangezogen werden (Bild 2.13).

Eine Klassifizierung, die die Art und Weise der Auswertung der optischen Information berücksichtigt, gibt Bild 2.14 wieder.

Nach dem Rayleigh-Kriterium ergibt sich eine quantitative Unterscheidung durch Zugrundelegung der Beziehung

$$h_{grenz} = \frac{\lambda}{8 \cdot \sin \alpha} \tag{2.1}$$

(vgl. Bild 2.13) zwischen "rauher" und "glatter" Oberfläche
/2.36/.

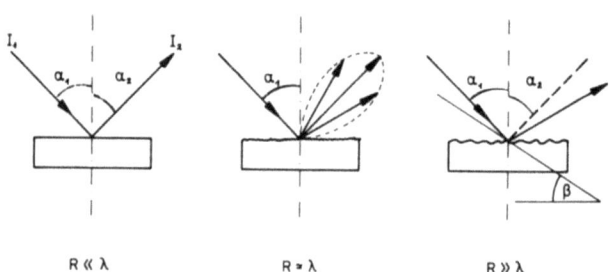

Bild 2.13: Klassifizierung der Wechselwirkung zwischen rauhen Oberflächen und elektro-magnetischen Wellen

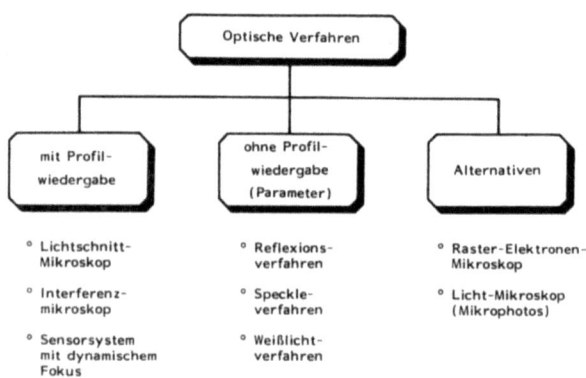

Bild 2.14: Klassifizierung optischer Rauheitsmeßverfahren

Vom Prinzip her meßtechnisch nutzbar sind optische Verfahren, die u.a. folgende physikalische Größen erfassen:

- Änderung der Polarisationszustände (Ellipsometrie)
  /2.58, 2.59/

- Räumliche Abstrahlung rückgestreuter Lichtwellen
  (Kap. 2.3.5)

- Speckle-Muster (Kap. 4)

- Leistungsdichtespektren rückgestreuter Lichtwellen
  /2.60/

Eine sehr umfassende Darstellung über optische Verfahren findet sich bei Teague und Vorburger /2.47/. Es ist erstaunlich, daß trotz der Fülle der Publikationen der letzten Jahre bisher erst wenige Systeme ihren Einsatz in der industriellen Praxis gefunden haben.

2.3.1 Das Raster-Elektronen-Mikroskop (REM)

Zur Bewertung der Leistungsfähigkeit eines optischen Rauheitsmeßverfahrens ist es notwendig, von geeigneten Referenzoberflächen auszugehen, deren Oberflächengestalt bekannt ist. Zu diesem Zweck stehen Rauheitsnormale zur Verfügung (vgl. Abschnitt 2.1). Doch auch bei diesen Rauheitsnormalen sind Streuungen vorhanden, die eine Bewertung optischer Verfahren erschweren. Es ist folglich notwendig, ein geeignetes Vergleichsmeßverfahren heranzuziehen, das die Oberfläche mit hoher Auflösung erfaßt und es erlaubt, vorliegende Ergebnisse in ihrer Aussagekraft zu bewerten. Dieses Verfahren stellt das sogenannte Raster-Elektronen-Mikroskop (REM) mit stereoskopischer Auswertung der REM-Aufnahmen dar.

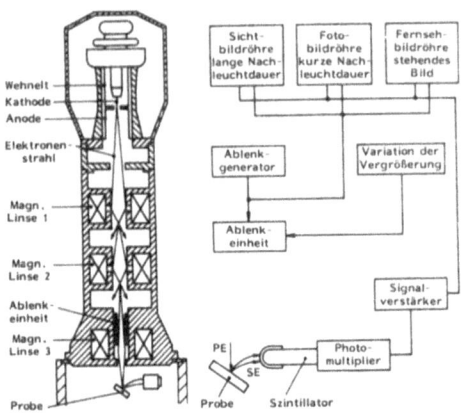

PE, SE...Primär- bzw. Sekundärelektronen

Bild 2.15: REM-Verfahren zur stereoskopischen Auswertung von Oberflächenstrukturen /2.37/

Das von Eckolt /2.37/ an der Physikalisch-Technischen Bundesanstalt, Braunschweig, weiterentwickelte Verfahren geht aus Bild 2.15 hervor. Ein Elektronenstrahl tastet unter definierten Einfallswinkeln die Oberfläche ab und erzeugt ein entsprechendes Monitorbild, das zur weiteren Untersuchung herangezogen werden kann (Bild 2.16). Eine stereoskopische Auswertung der Bilddaten liefert Oberflächenprofile mit hervorragender Auflösung der Höheninformation.

In Bild 2.17 ist ein Vergleich des Profilverlaufs, wie er mit Hilfe eines Tastschnittgerätes ermittelt wurde, mit dem Profil, das aus einer stereoskopischen REM-Aufnahme erhalten wurde, wiedergegeben. Die Aufnahmen machen deutlich, wie schwierig eine objektive Beurteilung der Oberflächenstruktur mit Hilfe des über ein Tastschnittsystem erhaltenen Höhenprofils ist.

Plangedrehte Oberfläche
Rz = 37 µm

Geschliffene Oberfläche
Rz = 7 µm

Bild 2.16: REM-Aufnahmen rauher Oberflächen

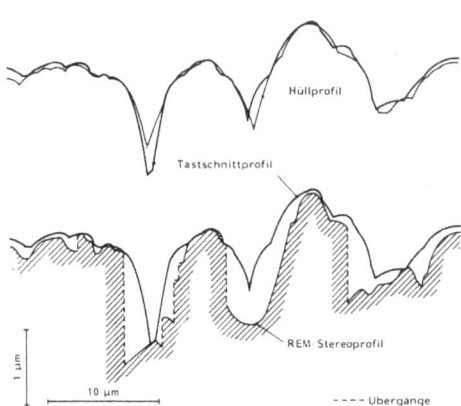

Bild 2.17: Vergleich der Profilverläufe eines Tastschnittgerätes und der stereoskopischen Auswertung von REM-Aufnahmen

Der Vorteil der REM-Auswertung liegt vor allem in den Eigenschaften:

- hohe Lateralauflösung (Abtastdurchmesser des Elektronenstrahls etwa einige Nanometer im Vergleich zu mehreren Mikrometern beim Tastschnittverfahren)

- großer Vergrößerungsbereich von 10:1 bis 10000:1

- großer Schärfentiefebereich (etwa 10000-mal größer als bei vergleichbaren Lichtmikroskopen)

- meßtechnische Auswertung in Stereo-Bildern.

Nachteilig wirken sich die Eigenschaften:

- keine meßtechnische Erfassung des Profils bei Auftreten von Unterschneidungen möglich

- hoher meßtechnischer Aufwand aufgrund der komplizierten Meßapparatur

aus.

Im Zusammenhang mit Vergleichsmessungen ist interessant, daß schon Schmaltz /2.35/ sich 1930 veranlaßt sah, die Tastschnitt-Ergebnisse bei fein bearbeiteten Oberflächen mit einem Fehler bis zu 100% behaftet zu sehen. Die REM-Aufnahmen und ihre Ergebnisse führten bei Hillmann /2.5/ zu der Aussage:

"Es müssen noch sehr viel mehr Beispiele mit dem REM untersucht werden, um allgemein gültige Fehlerabschätzungen angeben zu können; aber es dürfte schon jetzt ziemlich sicher sein, daß bei Oberflächen mit Rauhtiefen von $R_z = 1$ µm erhebliche Skepsis beim Beurteilen von Meßergebnissen, die mit elektrischen Tastschnittgeräten gewonnen werden, angebracht ist".

Durch die vorgenannten Aussagen soll nicht der Eindruck erweckt werden, daß die Verwendbarkeit von Tastschnittgeräten absolut in Frage gestellt wird - es geht einzig und allein um ihre Heranziehung für Vergleichsmessungen zu den optischen Verfahren und die dort meist vorliegenden feinen Oberflächen. Vorsicht scheint angezeigt! Unter Zuhilfenahme der Ergebnisse der stereokopischen REM-Aufnahmen ist zumindest der Vertrauensbereich angebbar, in dem Tastschnitt-Ergebnisse sinnvoll vergleichbar sind.

2.3.2 Lichtschnitt-Verfahren

Das Lichtschnitt-Verfahren, das seine Realisierung im sogenannten Lichtschnitt-Mikroskop findet, ist ein alter Bekannter unter den Labormethoden zur optischen Rauheitsmessung - besser noch zur Erfassung der Mikrogeometrie von Oberflächen /2.38/. Es ist ein Verfahren mit Profilwiedergabe (vgl. Bild 2.14), bei dem ein verzerrtes Profil zur Auswertung herangezogen wird.

Das Prinzip ist relativ einfach. Ein Lichtbalken wird unter 45° auf die Oberfläche projiziert, seine oberflächenbedingte Verzerrung über ein Mikroskop betrachtet. Fällt das Lichtband auf die rauhe Oberfläche, so weist es eine Welligkeit gemäß dem Höhenprofil auf.

Der Einsatz moderner Bildauswertesysteme und die Entwicklung entsprechender Softwarealgorithmen erlaubt eine Automatisierung dieser Verfahren. Erste Geräte, die überwiegend zur Bestimmung von Formabweichungen genutzt werden, sind bereits auf dem Markt erhältlich. Ein sinnvoller Einsatzbereich für die Messung der Rauheit ist für Rauhtiefen größer als 1 μm gegeben. Laufende Untersuchungen zeigen die Möglichkeit auf, diese automatisierten Systeme unter verschiedenen Aspekten zu nutzen /2.39, 2.40/.

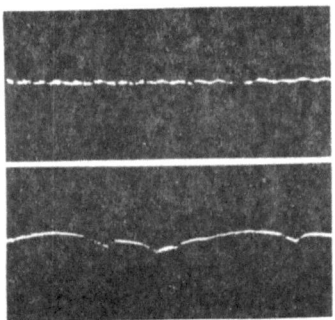 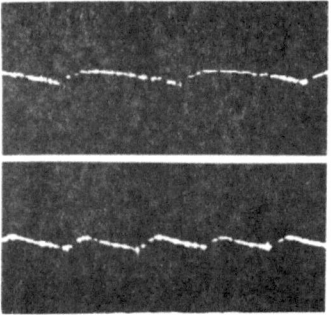

Bild 2.18: Lichtschnittlinien verschiedener Oberflächenprofile /2.38/

2.3.3 Interferenzverfahren

Bekannt in Meßlaboratorien sind Interferenz-Mikroskope, mit deren Hilfe Mikroformen sichtbar gemacht werden können (Bild 2.19).

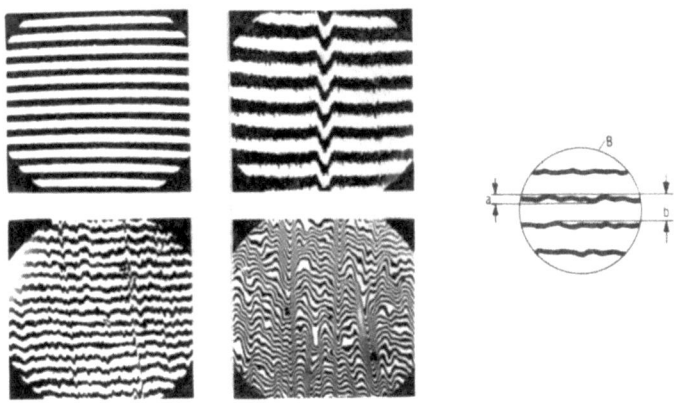

Bild 2.19: Interferenzlinien auf unterschiedlich rauhen Oberflächen

Die Interferenzlinien erlauben eine Auswertung der Rauheit mit Hilfe der Beziehung

$$R_{max} = (\lambda \cdot a)/(b \cdot 2) \qquad (2.2)$$

wobei a die Schwankungsbreite einer Linie, b den Linienabstand und λ die Lichtwellenlänge wiedergeben /2.41/. Aufwendig ist die Auswertung durch das Prüfpersonal, weshalb auch bei diesem Verfahren eine Automatisierung angestrebt wird.

Bild 2.20 gibt das Ergebnis einer solchen automatisierten Auswertung wieder, wie sie über ein handelsübliches System, das auf der automatisierten Bildauswertung basiert, erzielbar ist /2.42/.

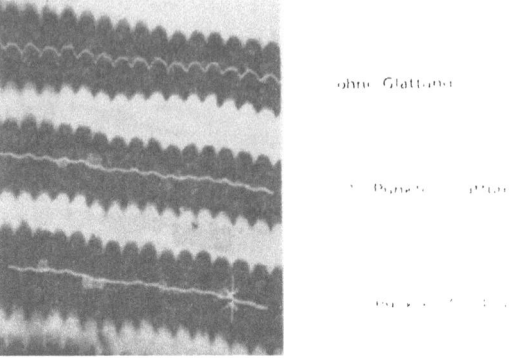

Bild 2.20: Automatisierte Auswertung von Interferogrammen
mit Hilfe von Glättungsalgorithmen
(System: Microfringe)

2.3.4 Sensorsystem mit dynamischer Fokussierung

Ein weiteres System mit Profilwiedergabe ist ebenfalls
vom Prinzip her lange bekannt, erst die moderne Mikroelektronik und Feinwerktechnik (auch im Bereich optischer Systeme) ließen die Realisierung dieser Systeme mit Zielrichtung auf den industriellen Einsatz sinnvoll erscheinen.

Ertl /2.43/ kommt noch 1978 in seiner Dissertation zu dem
Schluß, daß aufgrund technischer Gegebenheiten eine derartige Systementwicklung sich nicht lohne. In den Jahren
1983/84 kamen sogenannte CD-Spieler *) auf den Markt, die
die gängige Form der analogen berührenden Abtastung von
Schallplatten durch digitale berührungslose ersetzten. In
ihnen ist das Prinzip verwirklicht, das sich auch für meßtechnische Zwecke eignet.

---

*) CD... Compact-Disc

(Im Zusammenhang mit Kapitel 2.2.1 ist sicher interessant festzustellen, daß solche optischen Taster die Tastnadel prinzipiell ersetzen könnten.)

(a)
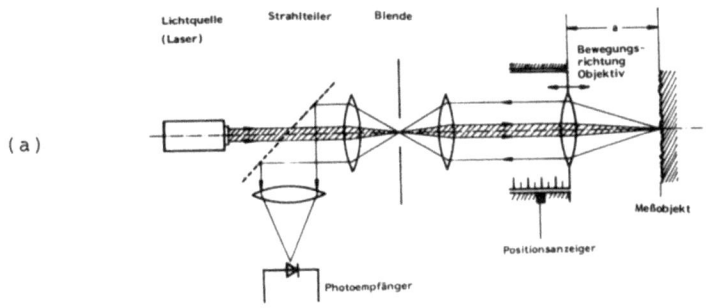

(b)
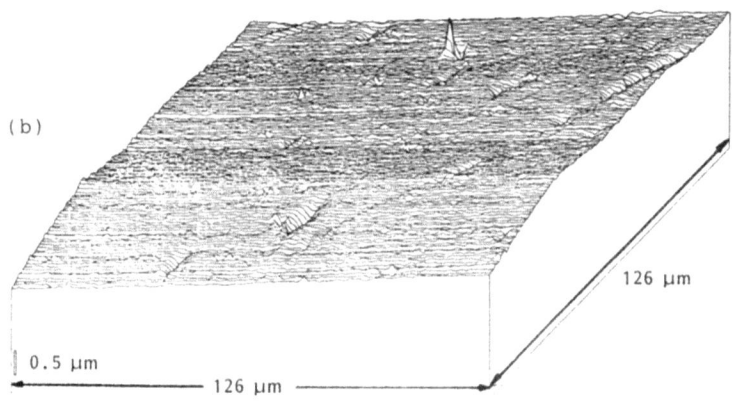

Bild 2.21: Dynamische Fokussierung: (a) Prinzipdarstellung, (b) Dreidimensionale Profilwiedergabe

Schematisch gibt Bild 2.21 den Aufbau wieder, wie er zunächst für Untersuchungen erstellt wurde. Da der Aufwand im Hinblick auf eine Optimierung mit Hilfe handelsüblicher Komponenten für Laboraufbauten unvertretbar anstieg, wurde aus CD-Abspielgeräten, wie sie im kommerziellen Hifi-Bereich zur Verfügung stehen, der optische Antastkopf ausgebaut und für meßtechnische Auswertungen genutzt.

Folgende optische Prinzipien zur Detektion der exakten Fokussierung auf der Objektoberfläche kamen dabei zum Einsatz:

1. Totalreflexion an Prismenflächen (Bild 2.22)

2. Foucault'sches Schneidenprinzip (Bild 2.23)

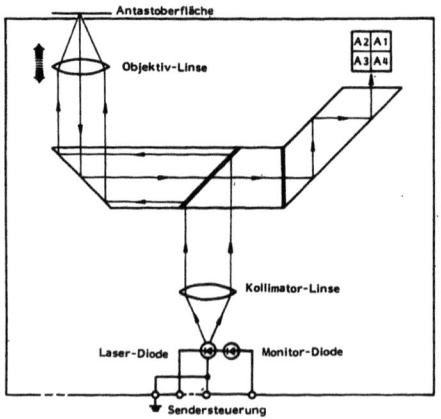

Bild 2.22a: Optische Antastung an Prismenflächen mit Hilfe der Totalreflexion

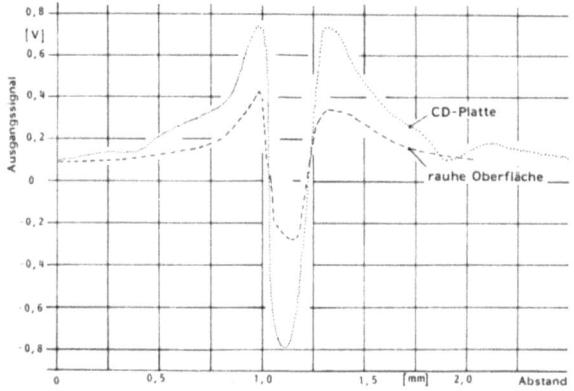

Bild 2.22b: Kennlinie der optischen Antastung mit Hilfe der Totalreflexion

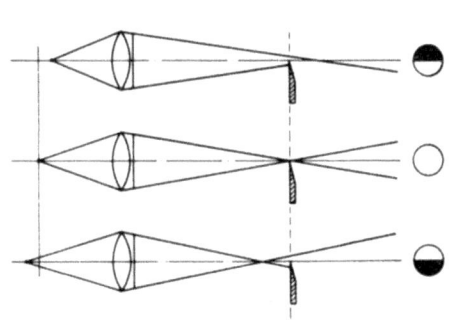

Bild 2.23: Optische Antastung mit Hilfe des Foucault'schen Schneidenprinzips

Durch die Dynamisierung des Systems, d.h. die periodische Bewegung des Sensors bzw. Sensorkopfes entlang der optischen Achse (vgl. Bild 2.21), kann über einen Phasenvergleich eine exakte Erfassung der Antastung auf Bruchteile eines Mikrometers erfolgen. Durch Bewegung der Antastoberfläche ist eine Profilwiedergabe, ähnlich wie bei einem Tastschnitt-Gerät, gegeben /2.44/.

Aufgrund der großen numerischen Apertur muß mit einer Beeinflussung des Meßergebnisses bei steilen Oberflächenverläufen gerechnet werden (Bild 2.24).

Das Sensorprinzip mit dynamischer Fokussierung bietet sehr große Vorteile, die es für den Einsatz in der industriellen Praxis interessant erscheinen lassen. Laufende Forschungsarbeiten, z.B. bei PHILIPS, OLYMPUS, Breitmeier Meßtechnik, RODENSTOCK usw., dürften dazu führen, daß in den nächsten Jahren dieses Prinzip in vielfältigster Form seine Realisierung erfährt.

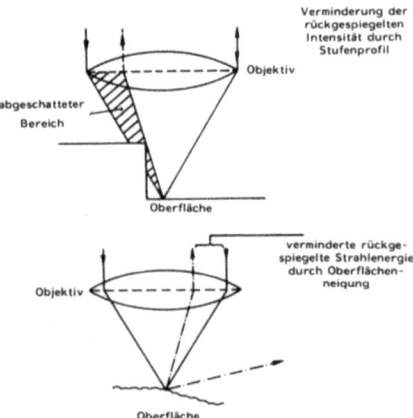

Bild 2.24: Beeinflussung der rückgestreuten Fokusinformation durch kritische Oberflächengeometrien

2.3.5 Sensoren zur Erfassung der räumlichen Abstrahlcharakteristik

Schon mehrere Jahre wird am NBS (National Bureau of Standards, Gaithersburg, USA) intensiv an der Entwicklung von optischen Systemen zur Erfassung der rückgestreuten Lichtinformation von rauhen Oberflächen gearbeitet. U.a. entstand ein aufwendiges Meßverfahren unter der Bezeichnung TIS (Total Integrated Scatterer), das von Teague, Vorburger und Kollegen /2.45 - 2.49/ beschrieben wird. Es basiert auf Arbeiten von Beckmann und Spizzichino /2.36/, die ihre umfangreiche theoretische und experimentelle Arbeit in einem Buch, das als Standardwerk angesehen werden kann, zusammenfaßten. Grabe /2.50/ führte die Untersuchungen an der PTB, Braunschweig, weiter. Gast, Piwonka und Thurn /2.51, 2.52/ griffen die Anregungen auf und entwickelten ein Prüfsystem, das von der Firma Optische Werke G. Rodenstock, München, als erstes zuverlässiges industriefähiges System auf den Markt gebracht wurde.

Brodmann /2.53 - 2.55/ beschreibt beispielhafte Einsatzfälle, Thurn /2.56/ gibt theoretische Interpretationen der Wirkungsweise. Das Prinzip geht aus Bild 2.25 hervor. Über eine Abbildungsoptik wird das Licht einer Leuchtdiode auf die rauhe Oberfläche projiziert und das rückgestreute Licht mit Hilfe einer zeilenförmigen Anordnung lichtempfindlicher Halbleiter-Dioden in seiner räumlichen Ausdehnung erfaßt. In Abhängigkeit vom Oberflächenprofil ergeben sich unterschiedliche Intensitätsverläufe, die eine Bewertung der Oberflächen in bezug auf Rauheit und Welligkeit, zulassen /2.57/.

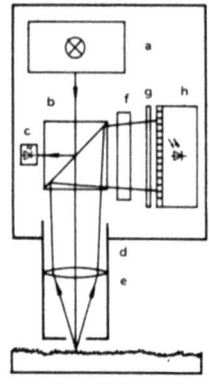

a Strahlquelle
b Strahlteiler
c Fotodetektor
d Meßtubus
e sphärisches Linsensystem
f Zylinderlinse
g Filter
h lineares Fotoarray

(a)   (b)

Bild 2.25: Reflexionssensor: Prinzip (a); realisiertes System (b)

Zur Charakterisierung der Oberflächen werden sogenannte Streukennwerte ermittelt. Meßergebnisse dieses Sensors sind in Bild 2.26 festgehalten. Den handelsüblichen Sensor gibt Bild 2.25b wieder.

Einzelne Anwendungen aus der industriellen Praxis, z.B. die Magnetkopf- oder Schwinghebel-Prüfung, zeigen die Fähigkeiten dieses Systems zur kontinuierlichen Überwachung des Oberflächenzustandes /2.54, 2.55/.

(a)

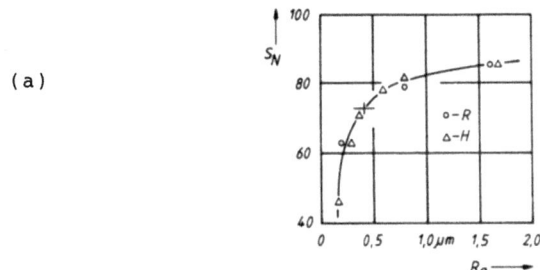

(b)

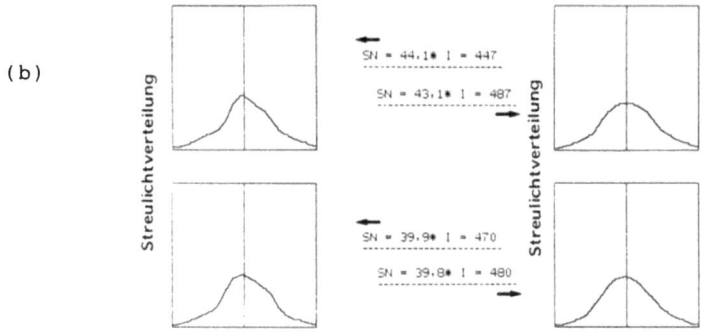

Bild 2.26: Beispielhafte Kennlinie des Reflexionssensors (a) und gemessene räumliche Verteilungen (b) (Streukennwert S_N nach /2.53/ bzw. /2.56/)

3 Praxisgerechte Anforderungen an ein optisches Verfahren zur Rauheitsmessung

Die Notwendigkeit, die Produktqualität nahe beim oder sogar im Fertigungsprozeß zu erfassen, führt zu entsprechenden Anforderungen an einzusetzende Prüfsysteme. Auch die Tatsache, daß Oberflächen existieren, die schon durch geringste mechanische Berührungen ihre Funktionsfähigkeit verlieren, sich somit einer direkten meßtechnischen Erfassung durch tastende Verfahren verschließen, beeinflußt diese Anforderungen.

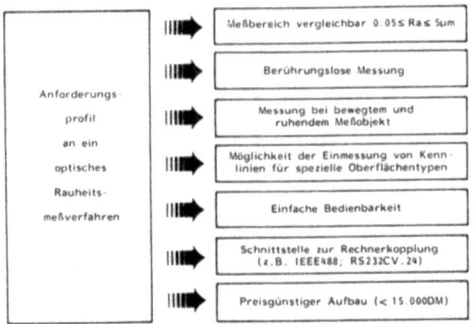

Bild 3.1: Anforderungen an ein optisches Rauheitsmeßverfahren für den industriellen Einsatz

Unter Einbeziehung der Kontinuität der Produktion und unter Berücksichtigung des Einflusses auf Produktionskosten und Produktionsumfang heißt das:

Das Meßsystem sollte möglichst

- Einsparungen von Fertigungsgängen erlauben

- zur Optimierung der Bearbeitungszeit führen

- zum Abbau übertriebener Forderungen an die Oberflächen-Gestalt beitragen (Entfeinerung)

- Messungen an bisher nicht erfaßbaren Oberflächen erlauben (z.B. Kunststoffoberflächen, spezielle Metalloberflächen)

- rückkopplungsfrei, also berührungslos arbeiten

- eine schnelle, kontinuierliche Prüfung bzw. Messung erlauben

- eine kompakte, den im allgemeinen rauhen Umgebungsbedingungen angepaßte Bauweise besitzen

- über eine Standard-Schnittstelle an ein übergeordnetes Rechnersystem zur Informationsverarbeitung der Betriebsdaten anschließbar sein

- ein günstiges Preis/Leistungsverhältnis besitzen

Hinzu kommen Forderungen, die sich speziell an den Gegebenheiten konventioneller Rauheitsmessung orientieren. So sollte zusätzlich das optische Rauheitsmeßsystem in der Lage sein

- Kennwerte zu ermitteln, die sich an die unterschiedlichen Normkennwerte (DIN, ISO) anlehnen lassen, bzw. mit diesen in bestimmter Form korrelieren

- im kontinuierlichen Ablauf und im Stillstand zu messen (Betrieb als Labor-Gerät).

Es hieße sicher die Entwicklung eines Sensorsystems hemmen, wollte man auf Erfüllung all dieser Anforderungen bestehen (in diesem Zusammenhang ist es sicher gerechtfertigt zu fragen, ob unter ähnlich strengen Forderungen beispielsweise ein Tastschnittgerät (vgl. Abschnitt 2.2) heute überhaupt noch Aussicht auf eine Realisierung hätte), dennoch bietet dieses Anforderungsprofil eine gute Möglichkeit, die Leistungsfähigkeit optischer Meßverfahren, insbesondere der Weißlicht-Methode, wie sie in Abschnitt 4 beschrieben wird, zu diskutieren und zu kennzeichnen.

4 Die Weißlicht-Methode zur optischen Ermittlung der Oberflächenrauheit

Mit dem Einsatz des Lasers als kohärente Lichtquelle traten in den 60er Jahren neue Möglichkeiten der optischen Informationsverarbeitung aus der rein theoretischen Betrachtung heraus in die experimentelle Phase /4.1, 4.2/. Wie sehr häufig bei solchen bahnbrechenden Entwicklungen zu beobachten, waren verfahrenstechnische Probleme die Ursache dafür, daß die Anfangseuphorie in vielen Bereichen schnell einer realistischen Einschätzung der Umsetzbarkeit in die industrielle Praxis Platz machte.

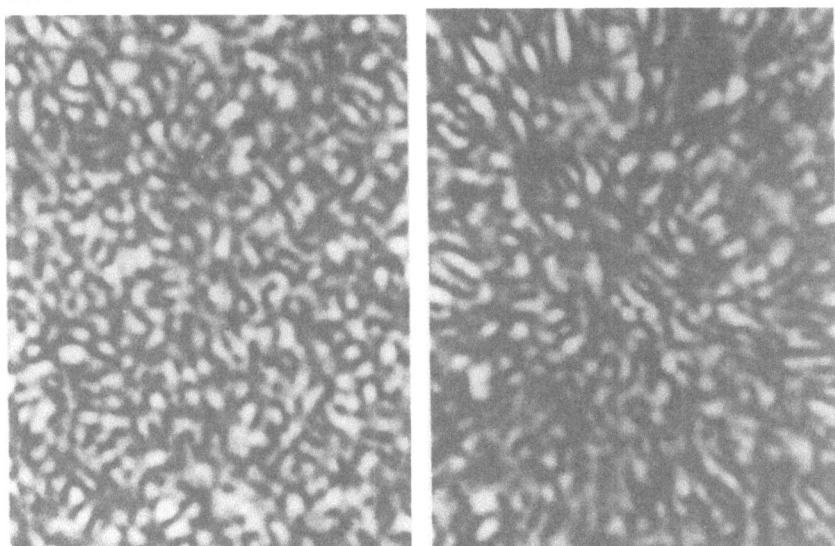

Bild 4.1: Speckle-Strukturen rauher Oberflächen:
a) monochromatisch; b) polychromatisch

Ein wesentlicher Effekt, der zunächst als nachteilig empfunden wurde, lag in der Ausbildung von störenden Hell/Dunkel-Strukturen (Bild 4.1), sogenannten Speckles (engl. Fleckchen, Sprenkel), die sich der eigentlichen Bildinformation bei kohärenter Abbildung (Beleuchtung) überla-

gerten /4.3/. Viele Techniken wurden beschrieben und
entwickelt, die auf eine Speckle-Reduzierung zur Bildverbesserung zielten. Die Zusammenhänge über die Speckle-
Entstehung, die Abhängigkeit von z.b. Komponenten (Blenden)
des optischen Systems und auch Oberflächeneigenschaften der
abzubildenden Objekte, ließen die Erkenntnis reifen, daß
diese Granulationsstrukturen für meßtechnische Zwecke nutzbar sind /4.4,4.5/. Neben Anwendungen in der Astronomie,
der Bewegungs- und Deformationsanalyse spielten Untersuchungen im Hinblick auf den Einsatz zur optischen Rauheitsmessung eine große Rolle /4.6/. Goodman /4.7/ und Parry
/4.8/ beschreiben die statistischen Eigenschaften von Laser-
Speckle-Strukturen unter der Voraussetzung unterschiedlich
rauher Oberflächen und kohärenter bzw. partiell kohärenter
Beleuchtung. Der praktische Einsatz und Aspekte der Rechnersimulation finden sich bei Asakura /4.9/. Die von Asakura
und Mitarbeitern durchgeführten Simulationen finden an dieser Stelle besonderes Interesse, da sie im Zusammenhang mit
Ergebnissen der Kapitel 4.2 und 4.3 gesehen werden müssen.

Ebenfalls interessante Ergebnisse liefert die sogenannte
Speckle-Korrelation, zu deren Bestimmung es verschiedenste
experimentelle Verfahren gibt. Zwei oder mehrere Speckle-Muster werden untereinander korreliert, und aus dem Grad der
Korrelation wird auf Oberflächen-Eigenschaften rückgeschlossen. Leger und Perrin /4.10/ benutzen Speckle-Muster
von Lichtwellen, die die Oberfläche mit unterschiedlichen
Einfallswinkeln beleuchten. Tribillon und Garcia /4.11/ und
Bitz /4.12/ benutzen Lichtquellen mit unterschiedlichen
(zwei) Wellenlängen zur Speckle-Korrelation.

Die Bedeutung des Speckle-Kontrastes als Meßgröße wurde
wesentlich durch die experimentellen Ergebnisse von Sprague
/4.13/ aufgezeigt. Die bei Sprague eingesetzte breitbandige
Lichtquelle trat zunächst wieder in den Hintergrund, um
anschließend wieder in Form verschiedenster partiell kohärenter Lichtquellen in Erscheinung zu treten /4.4, 4.5/.

Rau /4.14/ gibt eine Zusammenfassung der unterschiedlichen
Methoden und beschreibt den gleichzeitigen Einsatz mehrerer
kohärenter Lichtquellen (Halbleiter-Laser) unterschiedlicher Wellenlängen bei der Rauheitsmessung. Die Schwierigkeiten, die bei dieser Art der Beleuchtung auftreten, veranlaßten Pfister /4.15/, wieder auf eine breitbandige Lichtquelle zurückzugreifen und die optischen Aufbauparameter so
zu gestalten, daß nicht mehr einzelne Speckle meßtechnisch
aufgelöst wurden, sondern die Phasenkontrast-Struktur der
stark defokussierten Abbildung einer rauhen Oberfläche.
Leonhardt und Pfister /4.16/ geben eine theoretische Beschreibung der Zusammenhänge. Interessant ist die Erweiterung der Ergebnisse von Leonhardt und Tiziani bzw. Leonhardt, Kaufmann und Tiziani /4.17/, die die Möglichkeit aufzeigen, sowohl Horizontal- als auch Vertikalmaße der rauhen
Oberfläche zu erfassen.

Die in diesem Abschnitt genannten Arbeiten bewirkten die
Entwicklung und Weiterführung der "Weißlicht-Methode",
wie sie in den nachfolgenden Kapiteln beschrieben wird.

4.1 Theoretische Betrachtungen

Im ersten Teil dieses vierten Kapitels wird kurz ein Überblick über die theoretischen Grundlagen gegeben, die sowohl der Interpretation der nachfolgend dargestellten experimentellen Untersuchungen dienen sollen, als auch die Basis für die numerischen Simulationen sowie analytische Abschätzungen bilden.

Der Darstellung linearer systemtheoretischer Überlegungen, der Eikonal-Näherung und stochastischer Prozesse wird dabei besonderes Augenmerk gewidmet.

Zur Erzielung einer kompakten Darstellung wird nur dann auf die zugrundeliegenden Literaturstellen im Detail verwiesen, wenn dies für das weitere Verständnis unumgänglich ist. Insgesamt stützt sich die Abhandlung auf die grundlegenden Literaturstellen /4.18 - 4.24/.

4.1.1 Systemtheoretische Beschreibung des Übertragungsverhaltens optischer Systeme

Ähnlich dem Einsatz in der Elektrotechnik haben sich auch in weiten Bereichen der Optik, sieht man einmal von dem sehr modernen Gebiet der nichtlinearen Optik (z.B./4.25/), das insbesondere seit der Entwicklung des Lasers von Interesse ist, ab, lineare Systemtheorien als sehr nützlich und praktikabel erwiesen. Bei einer solchen Betrachtungsweise wird das optische Ausgangssignal durch die Wirkung einer Systemübertragungsfunktion auf das optische Eingangssignal beschrieben. Dabei ist die Systemübertragungsfunktion selbst unabhängig von der Größe des optischen Eingangssignals, der i.a. von Raum und Zeit abhängigen komplexen vektoriellen Feldstärke (Bild 4.2).

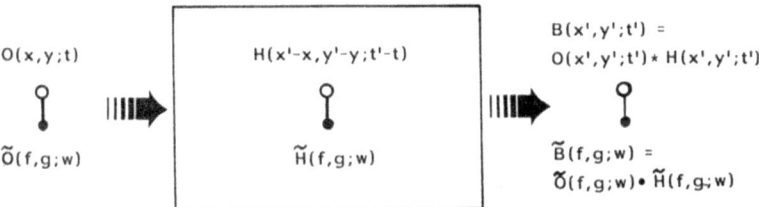

Bild 4.2: Systemtheoretische Darstellung der optischen
Informationsübertragung (Stationäres System)

Solche linearen Systemtheorien sind den Methoden der Fourier-Analyse angepaßt, da durch sie sowohl im Ortsfrequenzbereich als auch im Zeitfrequenzbereich bei linearen Übertragungsfunktionen eine Entkopplung der einzelnen Moden stattfindet. Dies führt unter bestimmten Voraussetzungen zu einer sehr kompakten und übersichtlichen Beschreibung der auftretenden physikalischen Effekte.

Gilt die Fourier-Transformation in der Elektrotechnik etwa als Mittel zur geeigneten Beschreibung elektrischer Signale (Darstellung im Frequenzbereich), so ist sie in der Optik z.B. geeignet, Beugungsphänomene mittels ihres integralen Charakters durch wenige numerische Größen zu klassifizieren (Beschreibung im Ortsfrequenzbereich). Solche Analogien zur Elektrotechnik erlauben es u.a., eine optische Linse als Frequenzfilter und die Fresnel'sche Beugung als Ergebnis einer quadratischen Phasenfilterung zu bezeichnen.

Gemäß dem linearen Ansatz kann bei optischen Abbildungen
von Faltungsoperationen gesprochen werden. Bild 4.2 zeigt
das Prinzip der optischen Übertragungsfunktion. Ausgangspunkt ist ein komplexwertiges vektorielles Feld $O(\underline{r};t)$,
das die Feldstärke im Objektraum am Punkte $\underline{r}$ zur Zeit t
beschreibt. Die allgemeinste Form einer Übertragungsfunktion
ist durch eine "Impulsantwort" oder, mathematisch gesprochen, durch eine Green'sche-Funktion /4.26/ des zugrundeliegenden Systems gegeben. Diese Funktion, $H(\underline{r}, \underline{r}'; t, t')$,
hängt sowohl von den Koordinaten des Objekt- und Bildraumes
als auch von den jeweiligen Zeiten der Eingangs- und Ausgangssignale t, t' ab. Im weiteren werden nur kausale
Übertragungsfunktionen betrachtet, so daß immer die
Ungleichung t' > t gilt. Mittels dieser Systemfunktion
ergibt sich das Ausgangssignal B ($\underline{r}'$, t') zu:

$$B (\underline{r}';t') = \int_{-\infty}^{\infty}\int_{-\infty}^{t'} H (\underline{r}, \underline{r}';t,t') O(\underline{r},t)d\underline{r}\, dt \qquad (4.1)$$

Das Ausgangssignal kann also sehr wohl, je nach System,
von der gesamten Vorgeschichte t< t' des Eingangssignales
abhängen.

Grundsätzliche physikalische Betrachtungen erlauben es,
die komplizierte mathematische Behandlung der Gleichung
(4.1) zu vereinfachen. Dies soll anhand zweier Beispiele
verdeutlicht werden.

Ist das betrachtete System von der absoluten Zeit unabhängig, so liegt eine zeitinvariante Systemfunktion vor, die
nur noch von der Zeitdifferenz T=t'-t abhängt.

$$H = H (\underline{r}, \underline{r}';T) \qquad (4.2a)$$

Liegt dagegen eine Ortsunabhängigkeit vor, so gilt Entsprechendes für die Ortskoordinaten und die Systemfunktion ist gegeben durch

$$H = H (\Delta \underline{r}; t, t'), \qquad (4.2b)$$

wobei $\Delta \underline{r} = \underline{r}' - \underline{r}$ ist. Man spricht von einem orts- bzw. verschiebungsinvarianten System.

Liegt sowohl Zeit- als auch Ortsinvarianz vor, vereinfacht sich die Systemfunktion zu

$$H = H (\Delta \underline{r}; T) \qquad (4.2c)$$

Diese Voraussetzungen sind für die meisten optischen Systeme erfüllt. Weitere Vereinfachungen für die mathematische Behandlung resultieren meist aus räumlichen Invarianzeigenschaften (z.B. speziellen Symmetrien) der zu untersuchenden Systeme.

Wird von Polarisationszuständen abgesehen, ist in (4.1) die Feldstärke $O(\underline{r};t)$ eine skalare komplexe Größe:

$$O(\underline{r};t) = o(\underline{r};t) \cdot \exp(i\emptyset(\underline{r};t)) \qquad (4.3)$$

Wird harmonische Zeitabhängigkeit vorausgesetzt, so vereinfacht sich (4.3) zu:

$$O(\underline{r};t) = o(\underline{r}) \cdot \exp[iwt] \qquad (4.4)$$

Für weitere Betrachtungen gehen wir von zeitlicher Stationarität aus. Der Zeitfaktor in (4.4) bleibt folglich unberücksichtigt.

Neben diesen systemtheoretischen Überlegungen allgemeiner
Art, auf denen die Simulationen des Kapitels 4.2 beruhen,
ist die Beschreibung optischer Systeme mittels der sogenannten Eikonal-Funktion für analytische Abschätzungen, wie
etwa denen in Kapitel 4, angebracht.

Die Eikonal-Funktion liefert den Übergang zur geometrischen
Optik /4.18/.

Eine Motivation zur Einführung der Eikonal-Funktion ist
durch das Fernfeld (monochromatisch) eines schwingenden
elektrischen Dipols gegeben. Für sehr große Abstände $\underline{r}$
vom Zentrum ist das Feld des Dipols, $O(\underline{r})$, gegeben durch

$$O(r) = o(r) \cdot \exp[ik_o \cdot r]$$

wobei $o(r)$ unabhängig von k_0, der Wellenzahl des vom Dipol
ausgestrahlten Lichtes, ist. Dies läßt es angebracht
erscheinen, in räumlichen Bereichen, die viele Wellenlängen
vom Zentrum entfernt sind, für allgemeinere Fälle, Felder
in folgender Form anzusetzen:

$$O(r) = o(r) \cdot \exp[ik_o \cdot W(\underline{r})] \quad (4.4)$$

$W(\underline{r})$ ist dabei die Eikonal-Funktion. Diese Eikonalnäherung
wird im weiteren speziell angepaßt auf das Problem der
optischen Rauheit diskutiert. Gemäß den Maxwell'schen
Gleichungen im ladungsfreien Raum genügt W folgender Gleichung:

$$(\text{grad } W)^2 = n^2 = \epsilon \cdot \mu \quad (4.5)$$

Gleichung (4.4) ist eine analytische Beschreibung, deren
Realteil physikalische Bedeutung besitzt. Im Falle einer
Abbildung durch ein abbildendes System wird die Objektver-
teilung, $O(\underline{r})$, transformiert in eine Bildverteilung, $B(\underline{r}')$,

deren Flächen gleicher Phase durch die Eikonalfunktion W darstellbar sind.

Physikalisch beobachtbar ist die Energieflußdichte der Lichterregung in der Bildebene (s. Gl. 4.1), die Intensität I_B, die gegeben ist durch:

$$I_B(\underline{r}';t) = B(\underline{r}';t) \cdot B^*(\underline{r}';t) \qquad (4.6)$$

Für die Messung der Intensität stehen Aufnehmer zur Verfügung, die nur über einen endlichen Zeitbereich Δt die zur Auswertung notwendige Energie aufnehmen können, die gemessene Intensität $\overline{I}_B$ stellt folglich eine zeitliche Mittelung der Intensität I_B dar:

$$\overline{I}_B = (\Delta t)^{-1} \int_{\Delta t} I_B(\underline{r}';t) dt \qquad (4.7)$$

Möchte man den Einfluß der von mehreren Objektpunkten ausgehenden Lichtwellen auf die in einem Punkt der Beobachtungsebene gemessene Intensität untersuchen, kann von der additiven Überlagerung im Beobachtungspunkt ausgegangen werden (lineare Systeme vorausgesetzt!).

Die resultierende Lichterregungen B_1 und B_2, hervorgegangen aus den Objektpunkten $\underline{r}_1$ bzw. $\underline{r}_2$, überlagern sich zu:

$$B = B_1(\underline{r}';t) + B_2(\underline{r}';t) \qquad (4.8)$$

Gemäß (4.6) ergibt sich die resultierende Intensität zu:

$$I_B = |B_1|^2 + |B_2|^2 + 2B_1 B_2^* \qquad (4.9)$$

Sind die Lichterregungen im Objektpunkt stochastischer Natur, so muß anstelle (4.9) die Mittelung über das zugrundeliegende Ensemble erfolgen:

$$\langle I_B \rangle = \langle |B_1|^2 \rangle + \langle |B_2|^2 \rangle + \langle 2B_1 B^*_2 \rangle \qquad (4.10)$$

Der gemischte Term in (4.10) enthält die, die Kohärenzeigenschaften der Lichterregung charakterisierenden Informationen, was insbesondere für die Beschreibung partiell-kohärenten Lichtes von Vorteil ist.

Allgemein wird diese Kohärenzfunktion beschrieben durch:

$$\Gamma(\underline{r}'_1, \underline{r}'_2; T) = \langle B_1 (\underline{r}_1'; t+T) \, B_2^*(\underline{r}_2', t) \rangle \qquad (4.11)$$

wobei T proportional zur Phasendifferenz der in den Punkten $\underline{r}_1'$, $\underline{r}_2'$ beobachteten Lichterregungen ist. Wird das Fortschreiten der Kohärenzfunktion von einer Ebene A in die Ebene B betrachtet, so ist das zwischen A und B liegende Medium zu berücksichtigen. Besitzt dieses eine Übertragungsfunktion H_M, so läßt sich als Beispiel zunächst ausgehend von einer Lichtquelle mit der pro Fläche dS und Wellenzahl dk abgestrahlten Intensität I(S), schreiben:

$$\Gamma(\underline{r}_1', \underline{r}_2'; T) = \int_0^\infty \int_{\text{Lichtquelle}} I(S,k) \cdot H_M(\underline{r}_1, k) \cdot H_M^*(\underline{r}_2, k) dS \, \exp[-ik \cdot c \cdot T] \, dk \qquad (4.12)$$

Für homogene Medien ist die Übertragung durch Kugelwellen

$$H_M = 1/R \cdot \exp[ikR], \qquad (4.13)$$

für inhomogene durch die, das zwischen Ebene A und B liegende Medium charakterisierende Funktion H mit

$$H_M = i \cdot k \cdot H(\underline{r}_1, k) \qquad (4.14)$$

gegeben.

R charakterisiert den Abstand zum Aufpunkt, c die Lichtgeschwindigkeit.

Etwas allgemeiner kann der Ausdruck (4.12) folgendermaßen geschrieben werden:

$$\Gamma(\underline{r}_1^+,\underline{r}_2^+;T) = \iiint\limits_{A_1 A_2 k} O(\underline{r}_1,k) \cdot O^*(\underline{r}_2;k) \cdot H_M(\underline{r}_1,\underline{r}_1^+;k) \cdot H_M^*(\underline{r}_2,\underline{r}_2^+;k) \, d\underline{r}_1 \, d\underline{r}_2 \, dk \quad (4.15)$$

$\underline{r}_1^+$ und $\underline{r}_2^+$ kennzeichnen die Koordinaten in der Ebene B, $O(\underline{r}_i,k)$, die Lichtintensität in der A-Ebene. Wird die quasimonochromatische Näherung mit

$$\frac{\Delta\lambda}{\lambda} \ll 1 \quad (4.16)$$

und

$$c \cdot |T| \ll \frac{\overline{\lambda}^2}{\Delta\lambda} \quad (4.17)$$

miteinbezogen, so vereinfacht sich (4.15) zu:

$$J(\underline{r}_1^+,\underline{r}_2^+) = \iint\limits_{A_1 A_2} J(\underline{r}_1,\underline{r}_2) \, H_M(\underline{r}_1,\underline{r}_1^+) H_M^*(\underline{r}_2,\underline{r}_2^+) \, d\underline{r}_1 \, d\underline{r}_2 \quad (4.18)$$

wobei

$$J(\underline{r}_1, \underline{r}_2) = \Gamma(\underline{r}_1,\underline{r}_2;0) \quad (4.19)$$

$$J(\underline{r}_1^+, \underline{r}_2^+) = \Gamma(\underline{r}_1^+,\underline{r}_2^+;0) \quad (4.20)$$

sind.

Im allgemeinen genügen die das Übertragungsverhalten charakterisierenden Funktionen H den Stationaritätsbedingungen (vgl. Gl. 4.2c), so daß dann, wenn zu den Fouriertransformierten F (....) übergegangen wird, (4.18) eine Faltung darstellt, d.h. $H(\underline{r}_1, \underline{r}_1^+) = H(\underline{r}_1^+ - \underline{r}_1)$; $H(\underline{r}_2, \underline{r}_2^+) = H(\underline{r}_2^+ - \underline{r}_2)$:

$$F\left\{J(\underline{r}_1^+, \underline{r}_2^+)\right\} = F\left\{J(\underline{r}_1, \underline{r}_2)\right\} \cdot F\left\{H(\underline{r}_1, \underline{r}_1^+) \cdot H^*(\underline{r}_2, \underline{r}_2^+)\right\} \quad (4.21)$$

Die Wirkung des optischen Systems auf die Kohärenzfunktion $J(\underline{r}_1, \underline{r}_2)$ ist somit durch einen vierdimensionalen linearen Filter beschrieben. $F\{HH^*\}$ charakterisiert das ortsfrequenzabhängige Übertragungsverhalten partiell-kohärenter, quasi-monochromatischer Beleuchtung.

Wird die Pupillenfunktion P in den reduzierten Koordinaten

$$\begin{aligned}\xi &= \lambda \cdot R \cdot f \\ \eta &= \lambda \cdot R \cdot g \\ \underline{f} &= (f,g)\end{aligned} \quad (4.22)$$

eingeführt, wobei R den Radius der Gauß'schen Referenzkugel beschreibt, so ergibt sich der Zusammenhang

$$F\{H\} = P(\xi, \eta) \quad (4.23)$$

bzw.

$$F\{HH^*\} = P(\xi, \eta) \cdot P^*(-\xi, -\eta) \quad (4.24)$$

Liegt eine Austrittspupille mit dem Radius a vor, so verschwindet das Produkt PP* für:

$$\xi^2 + \eta^2 \geq a^2 \quad (4.25)$$

d.h., daß das durch PP* beschriebene optische System für
diese spektralen Komponenten begrenzend wirkt.

Die oben genannten Ableitungen gelten sowohl für den Fall
kohärenter Beleuchtung mit

$$J(\underline{r}_1, \underline{r}_2) = O(\underline{r}_1) \cdot O^*(\underline{r}_2) \qquad (4.26)$$

als auch inkohärenter Beleuchtung mit

$$J(\underline{r}_1, \underline{r}_2) = I(\underline{r}_1, \underline{r}_2) \cdot \delta(\underline{r}_1 - \underline{r}_2) \qquad (4.27)$$

Zur Abschätzung der räumlich **kohärenten** Ausdehnung der
beleuchteten Fläche läßt sich nach dem van-Cittert-Zernike-
Theorem der zugehörige Kohärenzradius r_{koh} folgendermaßen
ermitteln:

Es sei:

$$I(\underline{r}) = I_Q/R_1^2 \qquad (4.28)$$

die Lichtintensität einer Lichtquelle mit dem Radius r_Q
und der auf die Flächenheit bezogenen abgestrahlten Intensität I_Q. Mit $I(s)/R_1^2$ = const (R_1 ist der Abstand zum Beobachtungspunkt) ergibt das Integral (4.12) aufgrund der
Rotationssymmetrie eine Besselfunktion 1.Art und 1.
Ordnung, deren Auswertung

$$r_{koh} = 0.16 \cdot \overline{\lambda} \cdot R/r_Q \qquad (4.29)$$

liefert (unter der Voraussetzung des Abfalls der Besselfunktion auf 88%).

$\overline{\lambda}$ kennzeichnet dabei die mittlere Wellenlänge, R den
Abstand vom Lichtquellenzentrum zum Zentrum der Beobachtungsebene. Komplette Inkohärenz ist nach dem Theorem durch
die erste Nullstelle der Besselfunktion gegeben:

$$r_{inkoh.} = 0{,}61 \cdot \overline{\lambda} \cdot R/r_Q \tag{4.30}$$

Die beiden letzten Gleichungen erlauben das Festlegen maximaler Bereiche korrelierter bzw. unkorrelierter Streuzentren für die rauhen Oberflächen (vgl. Abschnitt 4.2).

Die genannten Ableitungen gelten sowohl für die Lichtverteilung in der Fraunhofer-Ebene, der Bildebene oder der defokussierten Detektorebene. Der Unterschied liegt einzig und allein in der entsprechenden Formulierung der Kohärenzfunktion bzw. der Übertragungsfunktionen. Unglücklicherweise lassen sich geschlossene Lösungen nur für spezielle Oberflächentypen angeben. Pedersen /4.27, 4.28/ gelang dies für normalverteilte Oberflächen, Goodman /4.7/ für stochastische Oberflächen, die keinerlei räumliche Korrelation der Höhen zueinander zulassen, Leonhardt und Pfister /4.16/ bzw. Tiziani und Leonhardt /4.17/ für Oberflächen, die eine Beschreibung in Form einer parabolisch angenäherten Autokorrelationsfunktion der Oberfläche zugrundelegen. Asakura und Mitarbeiter /4.9/ versuchten realistischere Näherungen, die technischen Oberflächen besser angepaßt sind, und mußten deshalb auch auf numerische Simulationen zurückgreifen /4.29/.

Wie ungenau diese "Approximationen" im Vergleich zu technischen Oberflächen sein können, welche Schwierigkeiten sich in der Übertragbarkeit einzelner Ergebnisse ergeben, zeigen Messungen, deren Ergebnisse in den Bildern (4.3) wiedergegeben sind.

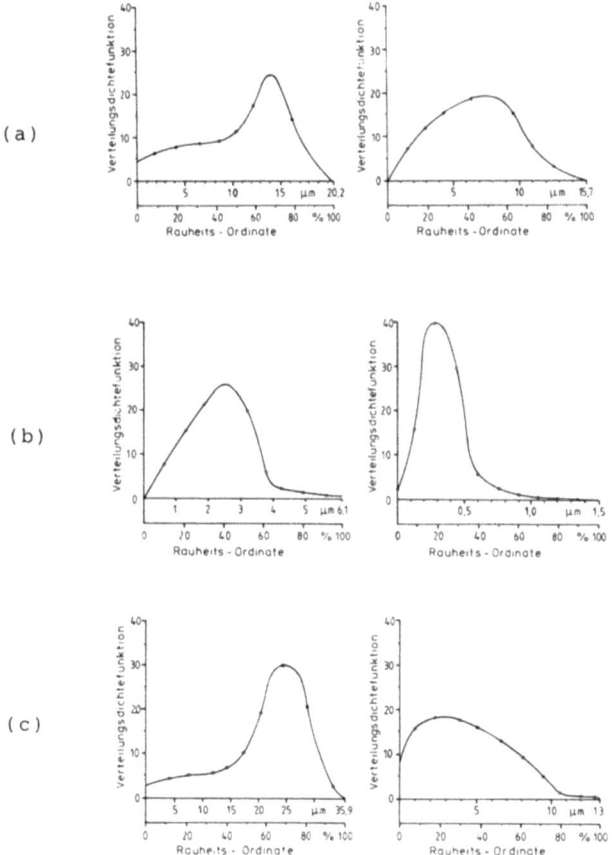

Bild 4.3: Gemessene Verteilungsdichten der Oberflächenhöhen bei
(a) gedrehten,
(b) flachgeschliffenen und
(c) gehobelten Oberflächen

4.1.2 Wechselwirkungen von Lichtwellen mit Oberflächen
   - eine Zusammenfassung grundlegender Abhängigkeiten

Zur Darstellung des Einflusses einer rauhen Oberfläche auf eine einfallende Lichtwelle gibt es mehrere Ansätze und Modelle. Eine recht umfassende Beschreibung der Wechselwirkung geben Beckmann und Spizzichino /2.36/. Tiziani /4.31/ weist auf eine Variante hin, in der die Oberflächenelemente als einzelne konkave bzw. konvexe Spiegel betrachtet werden, und die resultierende Lichterregung aus der Überlagerung der einzelnen Abbildungen solcher Spiegel entsteht. Die Beschreibung der Oberfläche als stochastischer Prozeß findet sich bei Goodman /4.7/, Pedersen /4.28/, Parry /4.8/, Mesch /4.30/, Frieden /2.24/, Whitehouse /4.32/, um nur einige zu nennen.

Charakteristische Eigenschaften leitender Medien sind frei bewegliche elektrische Ladungsträger. Ideale Leitfähigkeit würde dabei bedeuten, daß einfallendes Licht diese Ladungsträger den Schwingungen des elektrischen Feldes folgend bewegt. Als Folge würde das Licht vollständig von der Oberfläche reflektiert, ohne Verluste durch z.B. die Bewegung hemmende Kräfte, natürliche materialabhängige Resonanzeigenschaften und Absorptionen.

Nicht ideale Eigenschaften machen es notwendig, die Maxwell-Gleichungen für endliche Leitfähigkeit zu lösen:

$$\underline{E} = \mu \cdot \epsilon \cdot \frac{\partial^2 E}{\partial t^2} + \sigma \cdot \mu \cdot \frac{\partial E}{\partial t} \qquad (4.31)$$

(An dieser Stelle beschreibt σ die Leitfähigkeit des zugrundeliegenden Mediums).

Gleichbedeutend hiermit ist die Einführung eines komplexen Brechungsindexes:

$$n_c = n_R - i \cdot n_i \qquad (4.32)$$

für den Fall nichtleitender Medien. Eine Lichtwelle, die
in einen Festkörper eindringt, wird in diesem folglich durch

$$\underline{E} = \underline{E}_0 \cdot \exp[i(wt - n_c \cdot r/c)] \qquad (4.33)$$

in ihrer Wechselwirkung beschrieben. Da n_c komplex ist,
bedeutet dies eine in Ausbreitungsrichtung exponentiell
abklingende Abhängigkeit. Die Eindringtiefe für gängige
Metalle liegt im Wellenlängenbereich des einfallenden Lichtes. Bei einem guten Leiter läuft die transmittierte Welle
vom Einfallswinkel in Normalenrichtung zur Grenzfläche.

Für Oberflächen, deren horizontale Strukturen im Bereich
der einfallenden Lichtwelle liegen, ist es folglich notwendig, die Maxwell-Gleichungen entsprechend diesen Strukturen
zu lösen. Maystre /4.33, 4.34/ liefert hierfür Beispiele
aus dem Bereich der Beugung an periodischen Oberflächen
(Gittern) im sogenannten Resonanzbereich.

Rauhe Oberflächen sind in diesem kritischen Bereich als
Wellenleiter zu betrachten, die Kirchhoff-Näherung muß
zwangsläufig versagen. Bleibt die Oberflächenkrümmung jedoch
klein, zeigt sich, daß die Kirchhoff'sche Näherung gute
Ergebnisse liefert /2.36/.

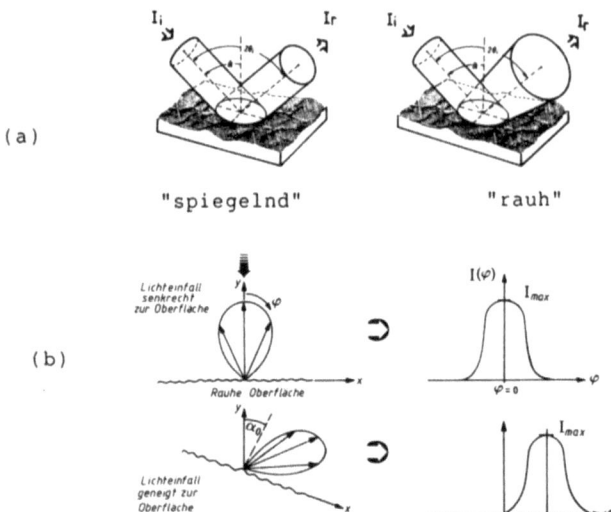

Bild 4.4: Wechselwirkung des Lichtes mit rauhen Oberflächen
(a) Prinzipdarstellung, (b) Einfluß der Oberflächenneigung

In Bild 4.4 ist das Prinzip der Reflexion an einer Oberfläche dargestellt.

Eine ebene Lichtwelle falle in Richtung des Wellenvektors $\underline{k}_0$ ($\hat{=} I_i$) auf die rauhe Oberfläche (Bild 4.4). Betrachtet man die reflektierte Welle aus der Richtung $-\underline{k}_1$ ($\hat{=}-I_r$), so läßt sich die Phasenverschiebung, hervorgerufen durch die in z-Richtung definierte Höhenverteilung h(x,y), folgendermaßen beschreiben:

$$\emptyset(\underline{r}) = \Delta\underline{k}\cdot\underline{h} = k_z \cdot h + k_x \cdot x + k_y \cdot y \quad (4.34)$$

mit

$$\Delta\underline{k} = \underline{k}_1 - \underline{k}_0 \quad (4.35)$$

$$\underline{h} = \begin{bmatrix} x \\ y \\ h(x,y) \end{bmatrix} \quad (4.36)$$

Dies würde bedeuten, daß die Amplitudenverteilung B ($\Delta \underline{k}$) im Fernfeld, abgesehen von einem konstanten Faktor C, im Rahmen der Eikonal-Näherung mit

$$B (\Delta \underline{k}) = C \cdot \int d(x,y) \cdot \exp[-i\emptyset(\underline{r})] \, dx \, dy \qquad (4.37)$$

beschrieben wird. d(x,y) stellt die Amplitudenwichtung innerhalb des beleuchteten Oberflächenbereichs dar. Im Idealfall handelt es sich dabei um ein Rechteck (bzw. eine Kreisscheibe) mit dem Wert 1 im Inneren und dem Wert 0 außerhalb der Berandung.

Gleichung (4.34) kennzeichnet den Einfluß der beleuchtenden Lichtwellen und der streuenden Oberfläche. Bei senkrechtem Lichteinfall ergibt sich vereinfachend

$$\emptyset(\underline{r}) = 4 \cdot \pi \cdot h(x,y)/\lambda \qquad (4.38)$$

Ein rauhe Oberfläche (h(x,y)) ist dabei als Zufallsprozeß beschreibbar (Kap. 4.1.3), dessen statistische Kennwerte bzw. charakteristische Funktion zur Bestimmung der Wechselwirkung Licht-Oberfläche herangezogen werden können. Für diese Wechselwirkung müssen Annahmen getroffen werden, die erst eine übersichtliche Darstellung der wesentlichen Einflüsse erlauben. Nachfolgende Betrachtungen gelten unter Ausschluß von

- Mehrfachreflexionen /4.35, 4.36/
- Abschattungen.

- 74 -

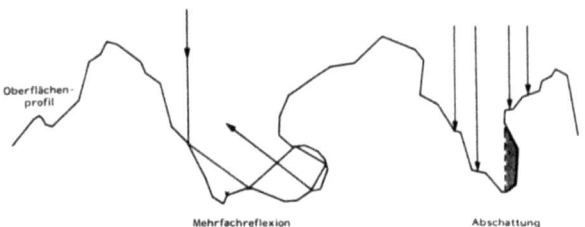

Bild 4.5: Einfluß von Mehrfachreflexionen und Abschattungen auf die Licht-Wechselwirkung

Abschattungseffekte (Bild 4.5) und ihre Einflüsse wurden z.B. von Beckmann /4.37 /, Wagner /4.38/, Brockelman und Hagfors /4.39/ beschrieben. Ihre Wirkung läßt sich so charakterisieren, daß durch das Einfügen einer sogenannten Abschattungsfunktion im allgemeinen dann wesentliche Beiträge zu berücksichtigen sind, wenn der Einfallswinkel des die Oberfläche beleuchtenden Strahls groß ist ($\alpha \rightarrow \pi/2$). Dies gilt um so mehr, wenn glatte Oberflächen - mit großer Krümmung - zu bewerten sind.

Voraussetzung für die genannten Ableitungen sind Oberflächen, die keinen Überhang besitzen, d.h. bei senkrechtem Lichteinfall tritt keinerlei Abschattung auf. Unter schrägem Lichteinfall ergibt sich eine resultierende beleuchtete Höhenverteilung $h_{bel}(x,y)$ mit:

$$\langle h_{bel}(x,y) \rangle > \langle h(x,y) \rangle, \qquad (4.39)$$

die nur noch die beleuchteten Höhenpartien repräsentiert.
Für die Varianzen der Höhenverteilung gilt:

$$V_{bel} = \langle |h_{bel}(x,y)|^2 \rangle - \langle h_{bel}(x,y) \rangle^2 = V_h^2 \qquad (4.40)$$

Der Mittelwert der Höhenvariation beeinflußt den Phasenterm der gestreuten Lichtverteilung insgesamt, so daß er keinen wesentlichen Beitrag zur Auswertung in der Beobachtungsebene liefert.

Einfallswinkel im Bereich von 0° bis 10° spielen folglich für einen Großteil betrachteter Oberflächen keine Rolle. Dennoch sollte berücksichtigt werden, daß REM-Aufnahmen technischer Oberflächen Unterschneidungen nachweisen, die bei den genannten Ableitungen nicht berücksichtigt wurden (vgl. /2.37/ und Bild 2.17).

4.1.3 Die rauhe Oberfläche als Zufallsprozeß

Der Beschreibung des Höhenprofils h liegt ein kartesisches Koordinatensystem (x,y,z) zugrunde, dessen Applikate z das Höhenprofil beschreibt (vgl. Kap. 4.1.2).

Jedes Profil h(x,y), das z.B. durch eine spezielle Oberflächenbearbeitung erzeugt wurde, besitzt für sich genommen deterministischen Charakter, der bei der Beobachtung nicht bekannt ist. Es ist deshalb notwendig, h(x,y) als Zufallsprozeß zu beschreiben, dessen Wahrscheinlichkeitsdichte p(h) als bekannt vorausgesetzt wird. Mit Hilfe der Wahrscheinlickeitsdichte p(h) ist eine Bestimmung statistischer Parameter wie Mittelwert $\langle h \rangle$, n-te Momente $\langle h^n \rangle$ und der daraus folgenden Varianz V(h) gegeben:

$$\langle h \rangle = \int h \cdot p(h) \, dh \tag{4.41}$$

$$\langle h^n \rangle = \int h^n \, p(h) \, dh \tag{4.42}$$

$$V(h) = \langle h^2 \rangle - \langle h \rangle^2 \tag{4.43}$$

Sollen horizontale Parameter ebenfalls erfaßt werden, so ist zu deren Kennzeichnung die Wahrscheinlichkeitsdichte bezüglich zweier Punkte $\underline{r}_1 = (x_1, y_1)$ und $\underline{r}_2 = (x_2, y_2)$ zu bestimmen, die gegeben ist durch $p(h, h'; \underline{r}_2; \underline{r}_1)$.

Die daraus ableitbare Korrelationsfunktion K ergibt sich zu:

$$K(\underline{r}_2; \underline{r}_1) = \iint h \cdot h' \, p(h, h'; \underline{r}_2; \underline{r}_1) \, dh \, dh' \tag{4.44}$$

Die Ortsabhängigkeit von p kennzeichnet die Oberfläche bezüglich ihrer Stationarität bzw. Gestalt.

Hängt p nur von der Differenz der Koordinaten $\underline{r}_1, \underline{r}_2$ ab, so ist das Ensemble stationär, hängt p nicht von der Richtung dieses Vektors ab, so liegt zusätzlich noch Isotropie vor /4.32/ (vgl. Anhang 7.5).

Die Wechselwirkung des Lichtes mit rauhen Oberflächen, die über Zufallsprozesse beschrieben werden, stellt wieder einen Zufallsprozeß dar. D.h., daß auch hier notwendigerweise statistische Parameter zur Beschreibung der Lichtwellen heranzuziehen sind (Bitz /4.12/ macht Vorschläge wie eine Einbeziehung der statistischen Beschreibung in die Normungsarbeit aussehen könnte).

Das nachfolgende Beispiel charakterisiert diese Zusammenhänge der Beschreibung durch Zufallvariable:

Vereinfachend soll der nachfolgenden Beschreibung ein eindimensionales Höhenprofil h(x) zugrundeliegen.

Wird die Oberfläche mit einer ebenen Lichtwelle der Intensität I_o beleuchtet, so entstehen nach der Wechselwirkung direkt an der Oberfläche Lichtwellen O_n, die beschreibbar sind durch

$$O_n = \sqrt{I_o} \cdot \exp[i \cdot \emptyset_n] \qquad (4.45)$$

$\emptyset_n$ ist der Phasenfaktor hervorgerufen durch das n-te Streuzentrum der Oberfläche mit der Profilhöhe h(x). Es mögen N solcher Streuzentren zur resultierenden Amplitude B in der Beobachtungsebene beitragen, so daß

$$B = \sum_{n=1}^{N} O_n \qquad (4.46)$$

gilt. Vereinfachend seien die Amplituden $\sqrt{I_o} = 1$ gesetzt und nur die Phasen betrachtet. Die resultierende Lichterregung ist folglich

$$B = \sum_{n=1}^{N} \exp(i\emptyset_n) \qquad (4.47)$$

Es ergibt sich die resultierende Intensität zu:

$$I = B \cdot B^* = \sum_{n=1}^{N} \sum_{l=1}^{N} \exp[i(\emptyset_n - \emptyset_l)]$$

Da für die optische Beschreibung der Rauheit der optische Kontrast $C = S_I/\langle I \rangle$ herangezogen werden soll, müssen die entsprechenden statistischen Parameter $S_I = V_I^{1/2}$ und $\langle I \rangle$ ermittelt werden. Es gilt:

$$\langle I \rangle = \sum_n \sum_l \langle \exp[i(\emptyset_n - \emptyset_l)] \rangle \qquad (4.48)$$

mit den Fallunterscheidungen n=l und n≠l. Für n=l ergibt sich

$$\langle I \rangle_{n=l} = N \qquad (4.49)$$

Für n≠l ist es notwendig, Annahmen über die $\emptyset_n$ zu treffen /4.28/. Mit der Heranziehung der charakteristischen Funktionen F_{ch} von stochastischen Prozessen, definiert durch

$$F_{ch}(s) = \langle \exp(is\emptyset_n) \rangle$$
$$= \int \exp(is\emptyset_n) \cdot p(\emptyset_n) \, d\emptyset_n \qquad (4.50)$$

und der Annahme, daß die Streuprozesse statistisch unabhängig voneinander in den N Streuzentren sind, ergibt sich:

$$\langle I \rangle = \sum_{n \neq l} \langle \exp(i\emptyset_n) \rangle \sum_{n \neq l} \langle \exp(-i\emptyset_l) \rangle$$

$$= N \cdot (N-1) \cdot F_{ch}(s=1) \cdot F_{ch}^*(s=1) \quad (4.51)$$
$$= N \cdot (N-1) \cdot |F_{ch}|^2$$

so daß die Gesamtintensität sich zu

$$\langle I \rangle = \sum_n \sum_l \langle \exp[i\emptyset_n - \emptyset_l)] \rangle = \langle I \rangle_{n \neq l} + \langle I \rangle_{n=l} \quad (4.52)$$

$$\langle I \rangle = N + N \cdot (N-1) \cdot |F_{ch}|^2$$

ergibt.

Die Varianz läßt sich mit Hilfe der Gleichung

$$V_I = \langle I^2 \rangle - \langle I \rangle^2 \quad (4.53)$$

bestimmen, so daß mit Gleichung (4.52) nur noch $\langle I^2 \rangle$ bestimmt werden muß. Die Berechnung von

$$\langle I^2 \rangle = \sum_l \sum_m \sum_n \sum_o \langle \exp i(\emptyset_l - \emptyset_m + \emptyset_n - \emptyset_o) \rangle \quad (4.54)$$

führt nach elementaren Rechenschritten in die die Fallunterscheidungen gemäß den Kombinationsmöglichkeiten von l=m=n=o bis l≠m≠n≠o berücksichtigende Form:

$$\begin{aligned}\langle I^2 \rangle = & N \cdot (N-1)(N-2)(N-3)|F_{ch}(1)|^4 + N \\ & + 4N(N-1) \cdot |F_{ch}(1)|^2 + (N-1) \cdot N \\ & + 4N(N-1)(N-2) \cdot |F_{ch}(1)|^2 + N(N-1)|F_{ch}(2)|^2 \\ & + N(N-1)(N-2) F_{ch}^*(2) + N(N-1)(N-2) \cdot F_{ch}(2) \\ & \cdot F_{ch}^*(1)^2\end{aligned} \quad (4.55a)$$

Da aber nur Realteile physikalische Bedeutung besitzen, heißt das

$$\begin{aligned}\langle I^2\rangle = \;&N + N(N-1)(N-2)(N-3)|F_{ch}(1)|^4 \\ &+ 4|F_{ch}(1)|^2 N[(N-1) + (N-1)(N-2)] \\ &+ 2(N-1)\cdot N \\ &+ N(N-1)|F_{ch}(2)|^2 + N(N-1)(N-2)\cdot \text{Re}\left\{F_{ch}(2)\right\} \\ &+ N(N-1)(N-2)\cdot \text{Re}\left\{F_{ch}(2)\cdot F_{ch}^{*2}(1)\right\}\end{aligned}$$ (4.55b)

Die Berechnung von $\langle I^2\rangle$ läuft folglich auf die Bestimmung der charakteristischen Funktionen $F_{ch}(s)$ für die unterschiedlichsten Oberflächen hinaus. Bild 4.6 gibt Ergebnisse hierfür wieder. N kennzeichnet die Anzahl der unkorrelierten Streuzentren und läßt sich aus der Gleichung (4.29) für die Kohärenzradien und aus der Autokorrelationsfunktion der Oberflächen bestimmen (zur experiementellen Untersuchung realisierte Aufbauten lieferten Werte für N zwischen 1 und 50).

Für die spektralen Einflüsse (polychromatische Näherung) wurde Gleichung (4.12) herangezogen, so daß die Autokorrelationsfunktion der spektralen Verteilung eine Gewichtung des optischen Kontrastes für polychromatische Beleuchtung liefert. Diese Darstellung lehnt sich an Pedersen /4.27, 4.28/ an (vgl. hierzu den Anhang 7.5).

Der quadratische Kontrast ergibt sich zu

$$C^2 = V_I / \langle I\rangle^2$$ (4.56)

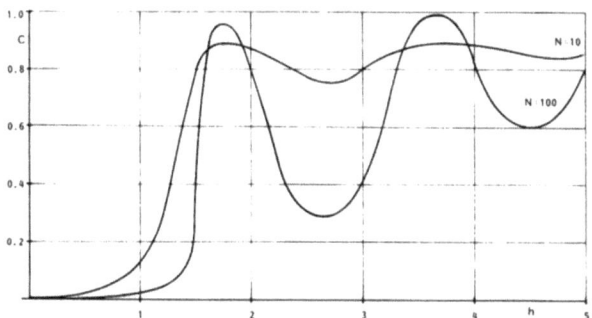

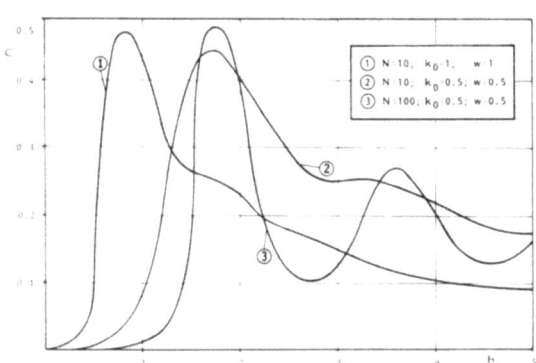

Bild 4.6a: Kennlinienverläufe gemäß Gl.(4.56) bei unterschiedlichen Oberflächen mit gleichverteilten Höhenprofilen (w...Halbwertsbreite der spektralen Verteilung der Beleuchtungsquelle)

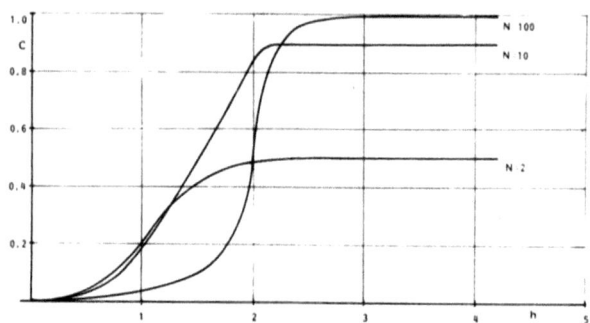

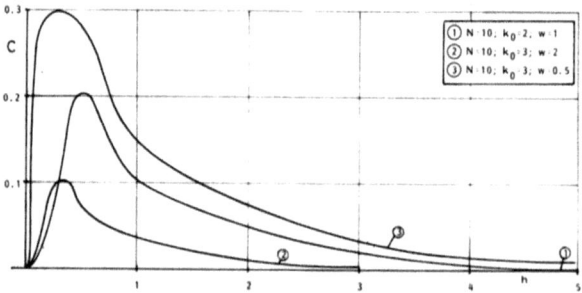

Bild 4.6b: Kennlinienverläufe gemäß Gl.(4.56) bei unterschiedlichen Oberflächen mit normalverteilten Höhenprofilen (w...Halbwertsbreite der spektralen Verteilung der Beleuchtungsquelle)

4.2 Numerische Simulation

Die Erzeugung der Lichtverteilung in der fokussierten oder defokussierten Detektor- oder Abtastebene eines rauhen Objektes wurde beschrieben als Summe der monochromatischen Lichtverteilungen, wie sie aus der Überlagerung der von der Oberfläche stammenden Streuzentren resultieren. Der Wechsel von einer Wellenzahl zur nächsten kann dabei als eine Skalierung der monochromatischen Verteilung angesehen werden (dies wird besonders deutlich in der Betrachtung des Fernfeldes. In diesem Falle ergibt sich eine radialsymmetrische Lichtverteilung (Bild 4.1): längere Wellenlängen werden stärker gebeugt, was wiederum die Analogie zur Fouriertransformierten deutlich macht)/4.8, 4.40/.

Zur Beschreibung der Lichtintensität im Fernfeld genügt die Fouriertransformierte mit der Skalierung in Abhängigkeit von der Frequenz bzw. Wellenzahl; in der fokussierten bzw. defokussierten Bildebene die wellenzahlabhängige Skalierung der Phasenvariationen der Oberfläche mit der entsprechenden Einwirkung auf die Punktbildfunktion.

Ziel der numerischen Simulation war es folglich, den Formalismus, wie in Kapitel 4.1 dargestellt, so anzuwenden, daß unter Vorgabe unterschiedlicher - auch regelmäßiger - Oberflächenprofile eine Aussage bezüglich der zu erwartenden optischen Auswertung getroffen werden kann. Es wurde dabei sowohl der kohärente Fall monochromatischer Beleuchtung als auch der partiell-kohärente Fall simuliert. Letzterer dadurch, daß die Summe kohärenter Anteile in der Beobachtungsebene ermittelt wurde (vgl. /4.8, 4.29/). Die Beschreibung spektraler Verteilungen erfolgte unter unterschiedlichen Voraussetzungen, die in den entsprechenden Tabellen wiedergegeben sind. Der Kohärenzfunktion liegen die Annahmen zugrunde, wie sie in Kapitel 4.1 beschrieben wurden (vgl. Born und Wolf /4.18/; S. 499ff). Als Oberflächenprofile standen sowohl rechnerisch ermittelte als auch

Profilschriebe mechanischer Tastschnitte zur Verfügung. Unter den rechnerisch ermittelten befinden sich gleichverteilte und normalverteilte Oberflächenprofile und solche, die durch Markov-Prozesse (Anhang 7.1) beschrieben werden.

Die numerische Berechnung von Integralen der optischen Informationstheorie ist i.a. nicht unproblematisch /4.41/. Handelt es sich hierbei doch um stark oszillierende Anteile im Integranden bei gleichzeitig sehr ausgedehnten Integrationsgrenzen. Der Rechner wirkt folglich als eine notwendige, nicht kennzeichnende Bedingung für die durchgeführten Simulationen - geschickt gewählte Annahmen und Berechnungsverfahren mußten hinzukommen.

Integralapproximationen wurden nach dem Newton-Cotes-Formalismus realisiert, wobei den Simpson'schen Verfahren der Vorzug gegeben wurde. Den Simpson-Formeln liegt die Näherung des Integranden durch quadratische Polynome innerhalb eines Intervalls [a,b] zugrunde.

Faltungsintegrale (vgl. Kap. 4.1) wurden über die standardmäßig zur Verfügung stehenden Algorithmen der schnellen Fourier-Transformation (FFT... Fast Fourier Transform) berechnet /4.42, 4.43/.

Weiterhin muß berücksichtigt werden, daß durch Normierungsverfahren Absolutaussagen, z.B. über entsprechende Intensitätswerte, verloren gehen.

4.2.1 Erzeugung von Oberflächenprofilen

Für die numerischen Berechnungen des Übertragungsverhaltens wurden verschiedenste Oberflächenprofile erzeugt, meßtechnisch erfaßte modifiziert. Im wesentlichen handelt es sich bei den berechneten um:

- Gaußverteilungen
- Gleichverteilungen
- Markov-Verteilungen (s. Anhang 7.1)

konkrete Profile, in Dreieck-, Rechteck-, Sinusform kamen dabei ebenfalls zum Tragen (Bild 4.7).

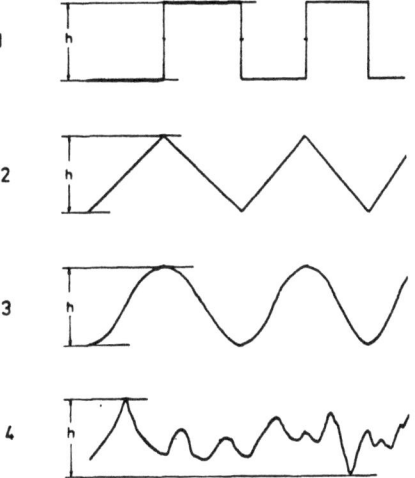

Bild 4.7: Simulierte Profilformen rauher Oberflächen

Messungen, durchgeführt mit Tastschnittgeräten, wurden gespeichert, die entsprechenden Profilverläufe gezielt modifiziert, um Variationen (z.B. Veränderung der Höhenamplituden) von Profilparametern rechnerisch erzeugen zu können.

Tabelle 1 faßt die erhaltenen Profilformen zusammen.

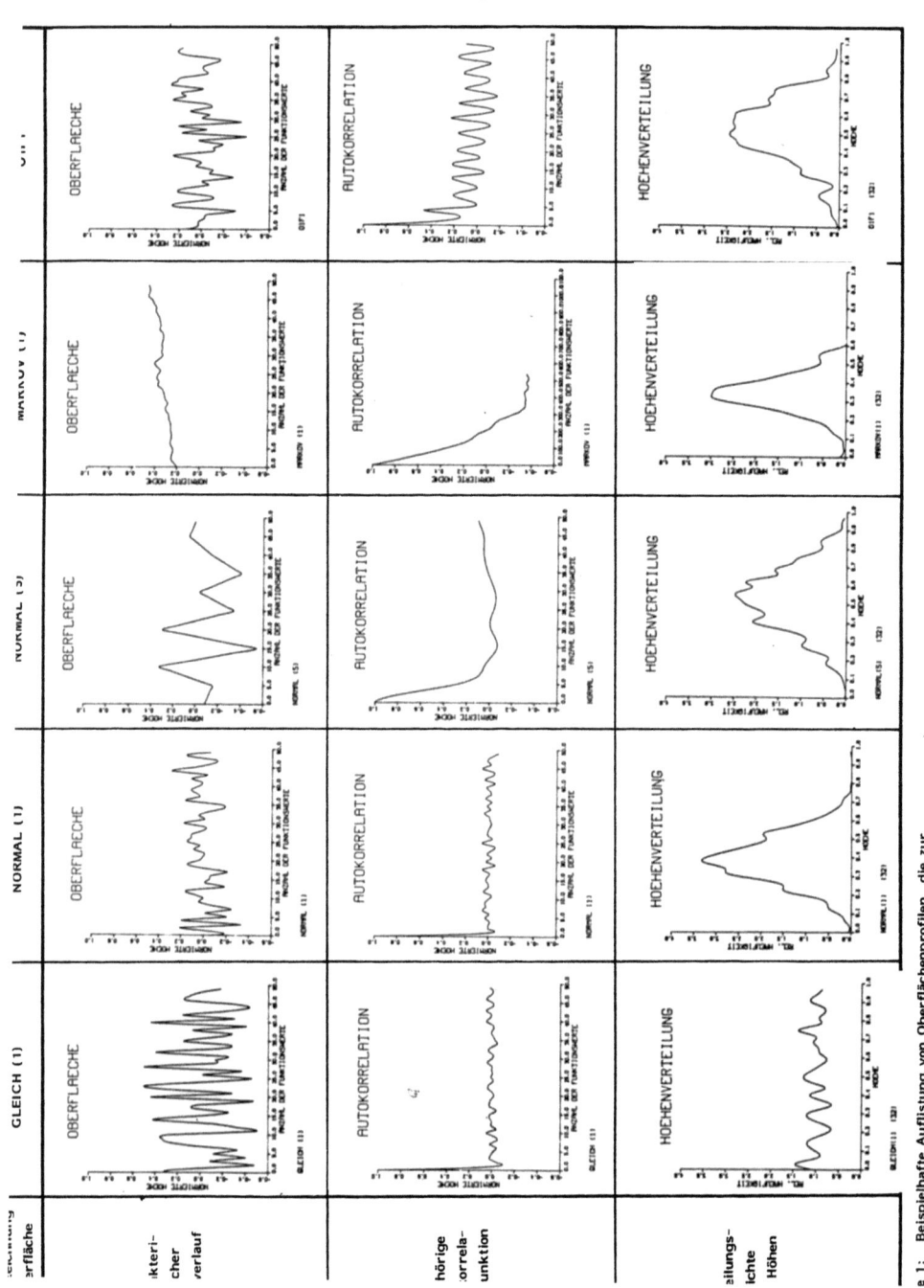

e.1: Beispielhafte Auflistung von Oberflächenprofilen, die zur numerischen Simulation herangezogen wurden

4.2.2 Ergebnisse der numerischen Simulation

Tabelle 2 faßt die Ergebnisse in prinzipieller Form zusammen. Aus ihr geht der Einfluß der partiell kohärenten Beleuchtung hervor. Zeitliche bzw. räumliche Kohärenz werden über die Beziehungen der entsprechenden Kohärenzlängen (vgl. Gleichung 4.29 und 4.30) berücksichtigt.

Die Kohärenzlänge der Oberflächen l_c wurde aus den entsprechenden Autokorrelationsfunktionen der Oberflächenprofile ermittelt. Sie dient der Ermittlung der Anzahl der Streuzentren N, die gemäß obigen Betrachtungen zur Intensität in der Beobachtungsebene beitragen.

Die Bildfolge der Tabelle 2 gibt charakteristische Ergebnisse wieder, wie sie für unterschiedlichste Parametervariationen erhalten wurden.

Die polychromatische Überlagerung der Intensitätsmuster in der Beobachtungsebene erfolgt dabei gemäß Gleichung (4.12) und läßt sich vereinfachend durch

$$I = \int_0^\infty H(k) \cdot I(k) \, dk \tag{4.57}$$

beschreiben, wobei H(k) jetzt die spektrale Verteilung des gesamten optischen Aufbaus von der Beleuchtungsquelle bis zum opto-elektronischen Wandler beschreibt. Bei der Mehrzahl der Simulationen lag hierbei eine Gaußverteilung zentriert um eine mittlere Wellenlänge bzw. -zahl zugrunde.

zeichnung der Oberflächentypen	Charakteristischer Kennlinienverlauf	Beleuchtungsart
NORMAL (1) GLEICH (2) O1F1 (3)	gleichverteilt KONTRAST — Hmax/LAMBDA	Monochromatisch
NORMAL (1) O1F1 (3) MARKOV (4)	normalverteilt, gleichverteilt, O1F1 KONTRAST — Hmax/LAMBDA	Polychromatisch (Normalverteilt)
O1F1 (3)	KONTRAST — Hmax/LAMBDA	Polychromatisch (zunehmende Kohärenzlänge)

Tabelle 2: Prinzipielle Ergebnisse der numerischen Simulation optischer Rauheitsmessung

Die Ergebnisse der numerischen Simulation lassen sich folgendermaßen zusammenfassen:

1. Für monochromatische und schmalbandige Beleuchtung nimmt der Kontrastwert mit zunehmender Rauheit zu und erreicht einen Sättigungswert, C_s, der dann mit weiter zunehmender Rauheit sich nur unwesentlich ändert (jedoch abhängig von der Oberflächenprofilform!).

2. Wird zusätzlich ein Gleichlichtanteil, durch inkohärente Überlagerung bzw. integrale Erfassung der räumlich rückgestreuten Intensität, berücksichtigt, so ergibt sich eine abfallende Kennlinie mit zunehmender Rauheit nach Erreichen des Sättigungswertes C_s.

3. Die Punktbildfunktion übt einen wesentlichen Einfluß auf die Kurvenform und das Kontrastmaximum aus. Zunehmender Punktbildradius, bis in die Größenordnung der Kohärenzlänge der Oberfläche, läßt das Kontrastmaximum ansteigen, um es bei größerer Kohärenzlänge wieder zu reduzieren.

4. Für polychromatische Beleuchtung wären Fälle zu unterscheiden, bei denen der Kohärenzradius größer (c), gleich (b) oder kleiner (a) der entsprechenden Punktbildfunktion (und dem zuortbaren Punktbildradius) ist:

Fall (a): Es liegt eine räumlich inkohärente Beleuchtung vor.

Fall (b),(c): Es liegt eine räumlich kohärente Beleuchtung vor.

Zusätzlich muß berücksichtigt werden, ob die Kohärenzlänge der Oberfläche kleiner (d), gleich (c) oder größer (f) im Verhältnis zum Punktbildradius ist:

Fall (d): Die resultierend Lichtintensität in der Beobachtungsebene ist das Ergebnis der Überlagerung unkorrelierter Streuzentren. Der Kontrast nimmt mit abnehmender Streuzentrenzahl zu. Je nach Oberflächenprofil schwankt der Kontrastwert mehr oder weniger stark.

Fall (e): Die Statistik des Oberflächenprofils geht in ihrer Gesamtheit ein, der Kontrast entwickelt sich in Richtung Maximalwert, kleine "Ausreißer" im Oberflächenprofil üben geringen Einfluß auf den optischen Kontrast aus.

Fall (f): Das Maximum des optischen Kontrastes nimmt ab, kleine Veränderungen im Punktbildradius beeinflussen den Kontrastwert wesentlich (was sich in der numerischen Simulation durch stark schwankende Kontrastverläufe bemerkbar machte).

Geht man von zeitlich und räumlich kohärenter Beleuchtung im Punktbild aus, so heiß das:

- ab dem Sättigungswert c_S fällt die Kennlinie mit zunehmender Rauheit kontinuierlich ab

- der effektive Verlauf der Kurve C(h) ist von der Profilform abhängig.

- die zusätzliche Überlagerung eines inkohärenten Gleichlichtanteils bzw. die Berücksichtigung der räumlich abgestrahlten Intensität als integraler Bestandteil steilt die Kurven zusätzlich auf.

4.3 Experimentelle Ergebnisse

Bild 4.8 zeigt den experimentellen Aufbau, wie er den einzelnen Versuchen zugrunde lag. Der Beobachtungstrahlengang konnte so modifiziert werden, wie es für die Untersuchungen zu Kapitel 4.4 notwendig war. Die Signalauswertung erfolgte einerseits über einen Personal-Computer, der hohe Flexibilität in bezug auf unterschiedlichste Signalauswertungen ermöglichte, andererseits mit einem eigens für diese Anwendungszwecke entwickelten Mikro-Prozessor-Aufbau (Intel 8085), der eine Abschätzung der Miniaturisierbarkeit im Bereich der Signalauswertung erlauben sollte.

Wird die rauhe Oberfläche mit weißem Licht beleuchtet, so entstehen farbige Phasenkontraststrukturen (Anhang 7.2) die auf unterschiedlichste Weise abgetastet werden können (vgl. Abschnitt 4.4). Die einfachste Form stellt die Bewegung der Oberfläche senkrecht zur optischen Achse vor dem Teilerwürfel TW dar. Der Photodetektor empfängt ein zeitveränderliches Signal I(t) (Bild 4.9), das abgetastet einem Rechner zugeführt wird. In diesem werden die Signale aufbereitet, der Kontrastwert

$$C = S_I / \langle I \rangle \tag{4.58}$$

ermittelt.

Mehrere Verfahren der Rauschkompensation des Zeitsignals wurden untersucht (Bandpaßfilter, Lock-In-Technik usw.) als ausreichend hat sich folgendes Verfahren gezeigt:

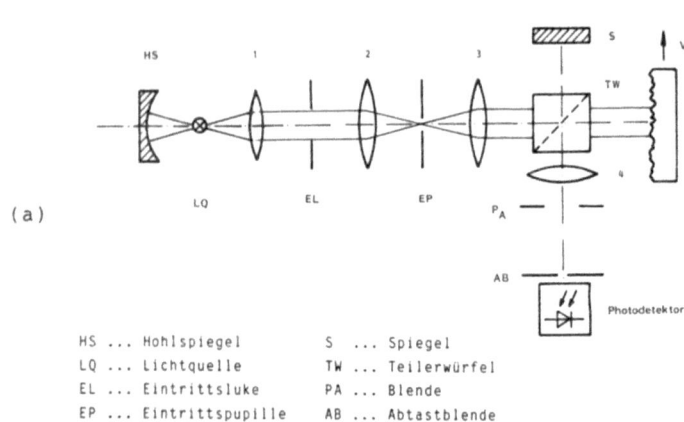

(a)

HS ... Hohlspiegel
LQ ... Lichtquelle
EL ... Eintrittsluke
EP ... Eintrittspupille

S ... Spiegel
TW ... Teilerwürfel
PA ... Blende
AB ... Abtastblende

(b)

Bild 4.8: Experimenteller Aufbau:(a) Prinzipdarstellung; (b) Photographie der Versuchseinrichtung

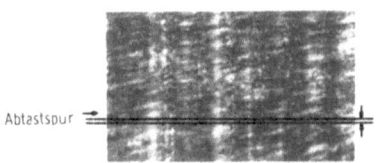

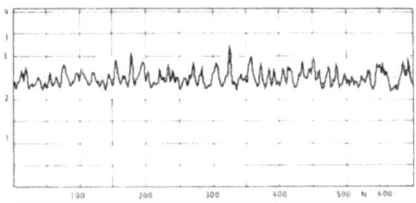

Kontrastwert C = 0,0685 N ..... Nr. des Meßwertes
R_a = 0,1 µm   I ..... Intensitätswert
Meßstrecke M = 2,8mm   (willkürliche Einheit)

<u>Bild 4.9</u>: Abtastung und Signalauswertung einer Phasenkontraststruktur

Vor der Durchführung einer Messung mit bewegter Oberfläche wird der Rauschkontrast C_R ermittelt und vom Kontrast C subtrahiert, so daß sich der effektive Kontrast zu:

$$C_{eff} = C - C_R \qquad (4.59)$$

ergibt.

Charakteristische Kurvenverläufe sind in dem Bild 4.10 dargestellt.

- 94 -

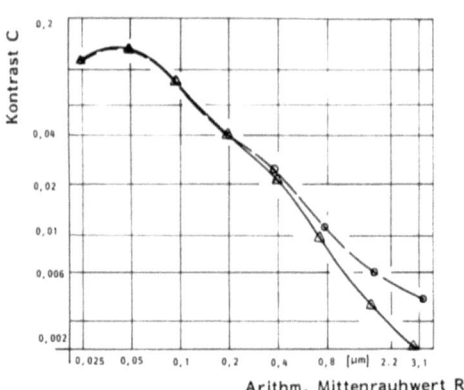

Bild 4.12: Kennlinienverlauf mit (▲) und ohne (o) Rauschkompensation

Die kohärente Beleuchtung mit ein bzw. zwei Laserwellenlängen (Halbleiterlaser) zeigt das in Kapitel 4.2 vorhergesagte Sättigungsverhalten. Wird jedoch zur punktuellen Auswertung der Speckle-Struktur auch noch ein integraler Anteil erfaßt, so lassen sich abfallende Kennlinien realisieren (Bild 4.13) /4.42/.

Weißlicht, mit und ohne entsprechenden Spektralfilter eingesetzt, zeigt das in den Bildern 4.14, 4.15 wiedergegebene Verhalten.

Oberflächen mit regelmäßigem Oberflächenprofil (Bild 4.16) lieferten keine eindeutigen Meßergebnisse, da sie nur für enge Rauheitsbereiche *) herstellbar waren. (Diese Untersuchungen sollten unbedingt weiter verfolgt werden!)

---

*) An dieser Stelle sei Dr. Järisch von IBM/Sindelfingen für seine Unterstützung recht herzlich gedankt.

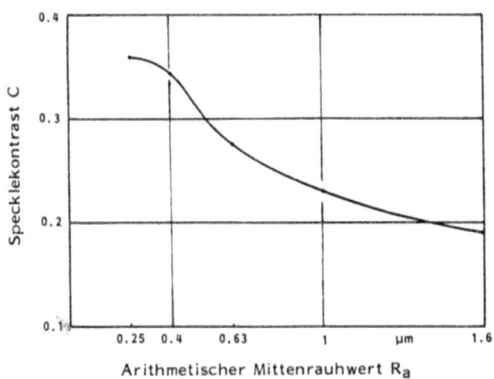

Bild 4.11: Kennlinie bei Beleuchtung mit 2 Halbleiterlasern unterschiedlicher mittlerer Wellenlängen, unter Berücksichtigung der integralen Intensitätsverteilung in der Detektorebene

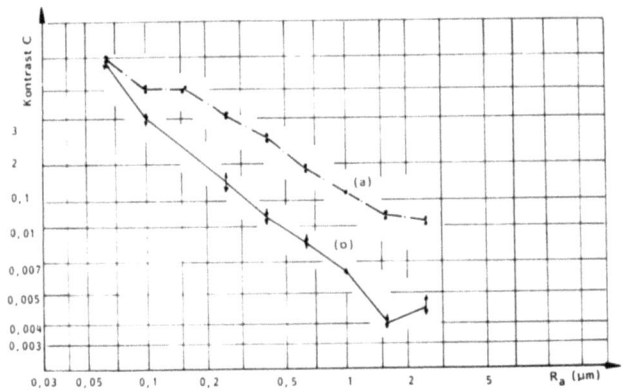

Bild 4.12: Kennlinienverlauf mit (a) und ohne (b) spektrale Filter im Beleuchtungsstrahlengang

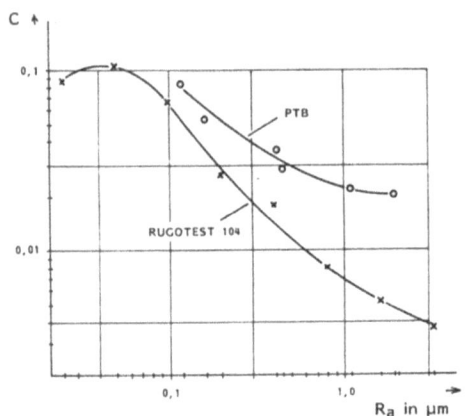

Bild 4.13: Vergleich der Kennlinien flachgeschliffener Oberflächen mit PTB-Normalen

Bild 4.14: Oberflächen mit regelmäßiger, eindimensional isotroper Profilform

4.4 Dynamisierung des Weißlicht-Verfahrens

Die genannten experimentellen Ergebnisse bezogen sich auf bewegte Oberflächen, deren Steulichtverteilung in der defokussierten Detektorebene punktförmig auf der optischen Achse abgetastet wurde. Es erhebt sich nun die Frage, welche Möglichkeiten existieren, diesen Aufbau zu dynamisieren, d.h. auch unbewegte Oberflächen bezüglich der Rauheit zu vermessen.

Bild 4.15 gibt 4 verschiedene Möglichkeiten wieder, dies zu erreichen. Zwei dieser Verfahren wurden näher untersucht, die anderen nur prinzipiell betrachtet.

4.4.1 Einsatz regelmäßiger Sensoranordnungen

Die moderne Mikroelektronik ermöglicht es, lichtempfindliche Wandler in regelmäßiger zeilenförmiger und flächenhafter Anordnung auf einem Sensorträger (Chip) zu vereinen. Werden diese Sensoren mit entsprechender Auswerteelektronik versehen, so ist eine direkte Beurteilung der Phasenkontraststruktur ohne Bewegung der rauhen Oberfläche gegeben. Die wiedergegebene Kennlinie (Bild 4.16) stellt beispielhafte Ergebnisse von Oberflächenmessungen dar. Ohne wesentlichen Einfluß ist in diesem Zusammenhang die Berücksichtigung des Intensitätsabfalls bei Entfernung von der optischen Achse.

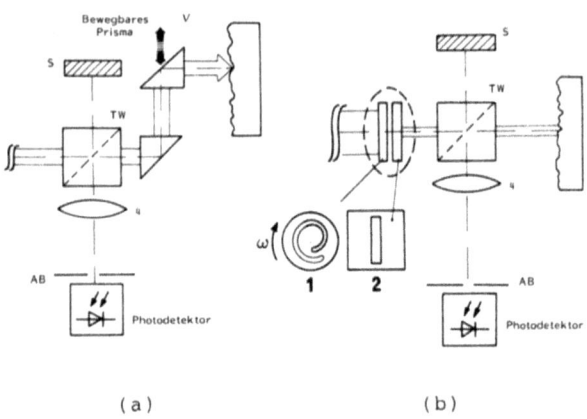

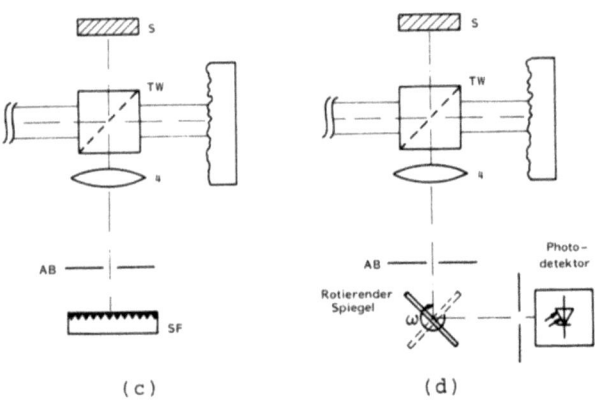

Bild 4.15: Möglichkeiten der "Dynamisierung" der Weißlichtmethode: (a) Bewegtes Prisma, (b) Rotierende Spirale und Spalt, (c) Regelmäßige Sensoranordnung, (d) Rotierender Spiegel

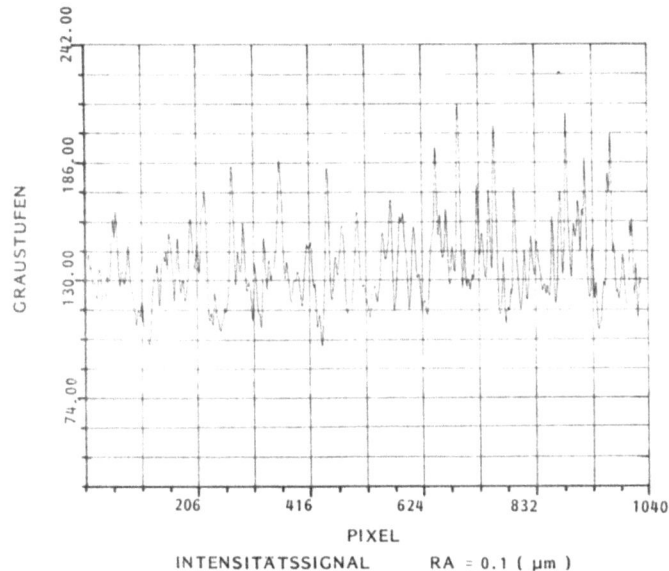

Bild 4.16: Intensitätsverlauf zum Abtastverfahren
mit Hilfe einer Bildwandler-Anordnung

Da die Empfindlichkeit der Sensor-Zeile insbesondere bei rauhen Oberflächen nicht ausreichte, um das optische Signal aus dem Rauschen herauszuheben, wurde durch Integration (Aufsummierung und Normierung mehrerer Zeilenabtastungen) das Signal-zu-Rausch-Verhältnis verbessert.

Erste Ergebnisse, die hier nicht wiedergegeben sind, zeigen, daß eine Signalauswertung beispielsweise wie in Kap. 4.5 beschrieben, verbesserte Oberflächenbewertungen zulassen.

4.4.2   Einsatz eines Drehspiegels

Bild 4.17:   Drehbarer Spiegel zur Dynamisierung des Weiß-
lichtverfahrens

Die Phasenkontraststruktur der rauhen Oberfläche wird mit
Hilfe eines Drehspiegels (Bild 4.17) über den punktförmig
die Lichtinformation abtastenden Detektor bewegt. Die Si-
gnalverarbeitung erfolgt äquivalent Abschnitt 4.3. Experimentelle Ergebnisse sind im Bild 4.18 wiedergegeben.

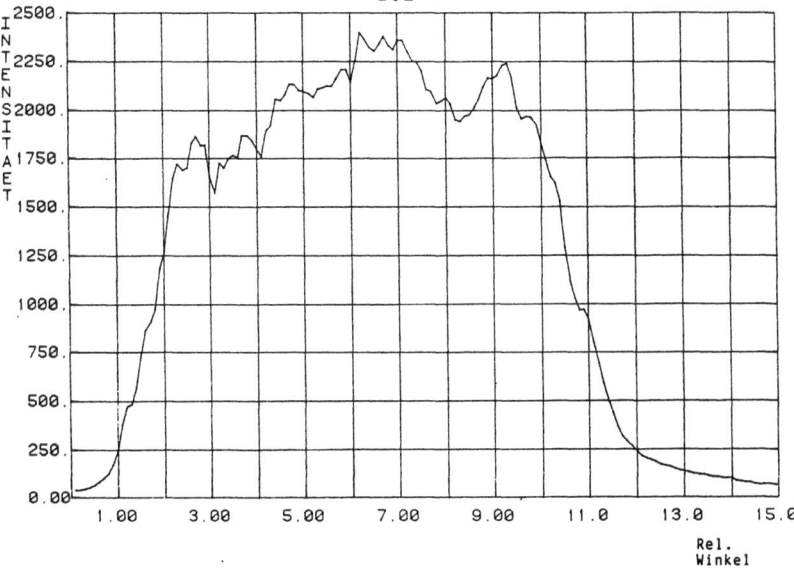

Bild 4.18: Kennlinienverlauf für die Abtastung mit Hilfe des drehenden Spiegels

4.4.3 Lateral bewegtes Prisma

Die Bewegung der Kontraststruktur über den Detektor erfolgt mit Hilfe des zweiten beweglichen Prismas. Da durch eine einfache mechanische Bewegung keine kontinuierliche Abtastung (mit konstanter Geschwindigkeit) gegeben war, höherer Aufwand im Vergleich zu den Alternativen nicht lohnend erschien, wurde diese Möglichkeit nicht weiter untersucht.

4.4.4 Rotierende Spirale und Spalt

Weitet man den Beleuchtungsstrahl auf (auf etwa 20 mm), so gibt es die Möglichkeit, durch Überlagerung einer rotierenden Spirale mit einem ruhenden Spalt eine Abtastung zu vollziehen. Durch geeignete Wahl der geometrischen Parameter der Masken lassen sich Abtastgeometrie und -geschwindigkeit in weiten Bereichen einstellen (s. Anhang 7.3).

Dieses Verfahren eignete sich nur bedingt, da aufgrund
der starken Strahlaufweitung und unter Berücksichtigung
der Tatsache, daß als Beleuchtungsquelle handelsübliche
Glühlampen zum Einsatz kommen sollten, die Bestrahlungsstärke nicht beliebig erhöht werden konnte. Das schlechte
Signal zu Rausch-Verhältnis begrenzte die Anwendbarkeit
auf feine Oberflächen im Bereich bis etwa R_a = 1 µm.

4.5 Alternative Verfahren der optischen Signalauswertung

In diesem Kapitel soll auf weiterführende Aspekte der Beurteilung der Rauheit metallischer Oberflächen eingegangen
werden. Die nachfolgende Darstellung ist zum großen Teil
noch Gegenstand der Grundlagenforschung. Schon jetzt bekannte Resultate lassen aber für die Rauheitsmessung der
Zukunft einige, auch apparative Konsequenzen erwarten,
so daß es notwendig erscheint, diese Thematik zu umreißen
und erste Ergebnisse zu präsentieren. Die Rede wird sein
von "Fractals" und der Möglichkeit, rauhe Oberflächen durch
ihre "Fraktalität" zu beurteilen

"A fractal is a mathematical set or object whose
form is extremely irregular and /or fragmented
at all scales".

Diese Definition stammt von Benoit B. Mandelbrot /4.45/, der
für das Konzept der fraktalen Dimension breites Interesse
weckte.

Fraktale Dimensionen sind Dimensionen von Gebilden, die
meist abweichen von ihren topologischen Dimensionen. So
besitzt beispielsweise eine Gerade in der Ebene die topologische Dimension Eins als auch eine fraktale Dimension Eins.
Eine Brown'sche Bewegung in der Ebene dagegen besitzt zwar
die topologische Dimension Eins (die Bewegung ist eine

zusammenhängende Linie) aber eine fraktale Dimension, die
größer als Eins ist. Gerade diese zwei Beispiele zeigen
auf, daß solche nichttopologischen Dimensionen zur Charakterisierung von irregulären Strukturen herangezogen werden
können: und dies trifft insbesondere für die Rauheit von
technischen Oberflächen zu.

"How long is the coastline of Britain"?

Diese Frage ist in den letzten acht Jahren zum Markenzeichen
der Erforschung von Fraktalen geworden. Mandelbrot gelang
es, experimentelle Resultate von Richardson mit der Idee
einer gebrochenen Hausdorff-Dimension in Einklang zu bringen
(s. /4.45/ und dort weiterführende Literatur). Richardson
hatte die Länge verschiedener Küsten mit jeweils variablem
Maßstab vermessen und dabei gefunden, daß die Längen der
jeweiligen Küsten mit kleiner werdendem Längenmaßstab divergieren. Das ist nicht erstaunlich, wenn man sich Landkarten von Küsten mit verschiedenen Maßstäben vor Augen
führt. Erstaunlich aber ist sein experimenteller Befund,
daß zwischen der Länge und dem Maßstab aller Küsten derselbe funktionelle Zusammenhang feststellbar ist:

$$L(a) \sim a^{1-D} \qquad (4.60)$$

wobei a den Längenmaßstab und D eine, die jeweilige Küste
charakterisierende, im allgemeinen nicht ganzzahlige Größe
darstellt. Mandelbrot interpretierte diese Größe D als
eine fraktale Dimension der Küstenlinien.

In der Mathematik studiert man geometrische Objekte, wie
etwa die sogenannten Kochkurven /4.45/, die aufgrund ihrer
Konstruktion eine berechenbare fraktale Dimension besitzen.
Solche mathematischen Fraktale haben u.a. folgende Eigenschaften:

- komplexe Struktur auf jeder Skala
- Selbstähnlichkeit (gleiche Struktur auf jeder Skala)

In Anwendungen dienen solche mathematische Fraktale oft zur Modellierung von Prozessen. In Bild 4.19 ist ein Beispiel für eine Kochkurve wiedergegeben.

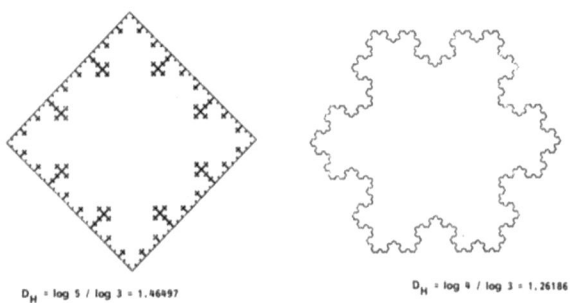

D_H = log 5 / log 3 = 1.46497 D_H = log 4 / log 3 = 1.26186

Bild 4.19: Die Koch'sche Schneeflockenkurve

Neben der von Mandelbrot favorisierten fraktalen Hausdorff-Dimension (s.z.B. /4.46/) wurden im Laufe der letzten acht Jahre mehrere andere fraktale Dimensionen zur Charakterisierung von Strukturen vorgeschlagen. Dies hat erstens seinen Grund in der Schwierigkeit, die Hausdorff-Dimensionen numerisch gesichert anzugeben, zweitens hat man bei vielen Anwendungen in der Physik gesehen, daß die Hausdorff-Dimension zur Charakterisierung von Irregularitäten spezieller Prozesse nicht sehr geeignet ist. Mit dieser Problematik setzt sich Farmer /4.47/ auseinander und gibt eine vergleichende Darstellung. Es soll im weiteren nicht vertiefend auf die Fraktalforschung in der theoretischen Physik und der Mathematik eingegangen werden, sondern es sollen erste Ansätze in mehr praxisorientierten Wissenschaften aufgegriffen werden /4.48/.

Gerade Jakeman (s.z.B. /4.49,4.50/) sowie Berry /4.51/ verdanken wir die ersten theoretischen Ansätze zum Verständnis des Intensitätsverlaufes von gestreutem Licht an fraktalen Strukturen.

Auf der genannten Basis werden derzeit Untersuchungen fortgeführt mit teilkohärentem Weißlicht an realen metallischen Proben, die aufzeigen sollen, in welchem Umfang Dimensionen geeignet sind adäquat Oberflächen mit verschiedenen Oberflächenrauheiten zu beschreiben und somit konkurrierend zur bisher üblichen Kenngröße des optischen Kontrastes sein können. Bei diesen Untersuchungen werden mehrere fraktale Dimensionen mit jeweils verschiedenen Rechenverfahren studiert. Die Arbeiten sind noch nicht abgeschlossen, so daß hier nur der Grundgedanke genannt werden soll. Eine ausführliche Darstellung der weiterführenden experimentellen Ergebnisse sowie Teile der zugrundeliegenden mathematischen Betrachtungen sind in Vorbereitung /4.52, 4.55/.

Der Ausgangspunkt der Überlegungen war das visuelle Studium von Phasenkontrastbildern von Oberflächen mit verschiedenen Rauheitskenngrößen (vgl. Anhang 7.2). Je nach Kenngröße scheinen diese Intensitätsverläufe Realisierungen verschiedenster stochastischer Prozesse zu sein. Geht man von diesem Standpunkt aus, wird man heutzutage fast zwangsläufig zur Fraktalforschung hingeführt. Neben den o.g. rekursiv erzeugten Kochkurven und anderen vergleichbaren Strukturen /4.46/ interessieren stochastische Signale, die selbstähnlich sind und ein sogenanntes Skalenrauschen darstellen. Die Frequenzspektren von skalierendem Rauschen gehorchen einfachen Potenzgesetzen:

$$A(w) \sim w^{-\beta} \tag{4.61}$$

wobei A(w) das Leistungsdichtespektrum des Signals ist. Mandelbrot bringt die Exponenten ß in Zusammenhang mit der Hausdorff-Dimension der Signale.

Drei verschiedene stochastische Signale wurden simuliert. Die Simulationsverfahren sind in /4.53/ beschrieben. In /4.54/ findet man das allgemeine Schema, verschiedenartiges Skalenrauschen zu simulieren, es wurde dort beispielsweise zur Modellierung des Intensitätsverlaufes des von Quasaren ausgesandten Lichtes herangezogen.

Schon diese Simulationsergebnisse verdeutlichen, daß es sehr wohl angebracht ist, sich Gedanken zu machen, ob nicht andere Kenngrößen als der Kontrast C bei der Rauheitsmessung anzuwenden sind (vgl. Bild 4.20).

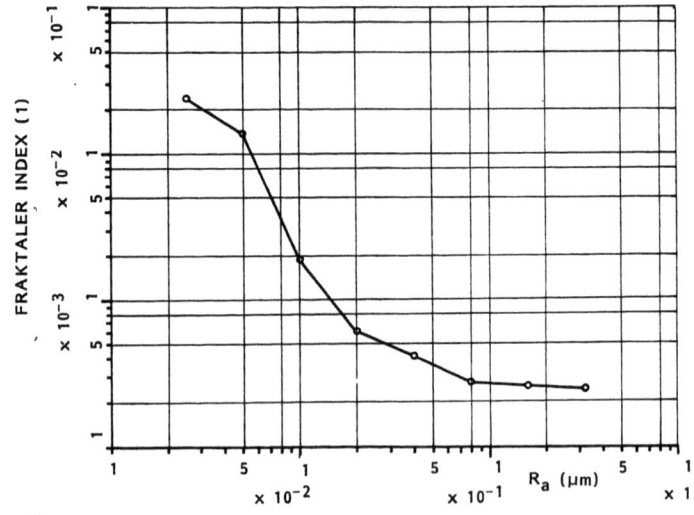

Bild 4.20: Kennlinie für die optische Rauheitsmessung bewertet nach dem fraktalen Index

5 Zusammenfassung und Ausblick

Optische Verfahren zur Erfassung der Oberflächenrauheit
finden immer stärkeres Interesse seitens industrieller
Anwender. Dies ist zum einen dadurch bedingt, daß im Rahmen
grundlegender Forschungsarbeiten Erkenntnisse erarbeitet
wurden, die eine Charakterisierung unterschiedlicher Verfahren und Methoden im Hinblick auf die industrielle Anwendbarkeit erlauben und somit dem Anwender eine Basis für
realistische Einschätzungen bieten (Bild 5.1). Andererseits
sind bereits Verfahren auf dem Markt, die sich mit mehr
oder weniger großem Erfolg behaupten.

In dieser Arbeit wird zunächst auf die grundlegenden Bedingungen eingegangen, die sich besonders unter dem Aspekt der
Qualitätssicherung mit Hilfe von automatisierten Meß- und
Prüfsystemen ergeben. Der bestehenden Normungsarbeit ist
dabei ebenso Augenmerk gewidmet, wie dem Einsatz von Meßund Prüfsystemen für Vergleichsmessungen. Die WeißlichtMethode, eine Weiterführung der Speckle-Kontrast-Methode,
erweist sich als geeignet für den Einsatz in der industriellen Praxis. Über unterschiedliche "Dynamisierungsverfahren" gelingt es, sowohl ruhende als auch bewegte
Oberflächen bezüglich ihrer Rauheit zu bewerten. Aus experimentellen Ergebnissen geht hervor, daß es möglich ist,
einen für die industrielle Anwendung interessanten Meßbereich (0.06 µm < Ra < 5 µm) zu erschließen. Über numerische Simulationen wird gezeigt, daß die jeweiligen Bearbeitungsverfahren Einfluß auf die optisch ermittelten Kennwerte nehmen. Es ist folglich nicht ohne weiteres möglich,
unabhängig von der Oberflächenbearbeitung die Rauheit zu
ermitteln. Vorschläge existieren, diesem Mangel zu begegnen. Diese müssen jedoch noch weiter untersucht werden.
Die Einführung alternativer optischer Kennwerte - z.B.
unter Berücksichtigung sog."Fraktaler Dimensionen" - kann
hierzu einen Beitrag leisten.

Die einfache Bedienbarkeit des Sensorsystems, die Ausrüstung mit Standard-Schnittstellen (IEEE 488; RS 232 C; V.24) und die Benutzung von Mikro-Prozessoren zur komplexen Signalauswertung bilden wesentliche Bestandteile einer modernen Systemkonzeption. Gerade die Mikro-Prozessor-Kopplung erlaubt das Einmessen bestimmter Oberflächentypen, so daß auf diese Weise eine direkte Umrechnung optischer Kennwerte in mechanisch ermittelte, gemäß DIN-Norm, gegeben ist.

Eine Abschätzung der Kosten läßt einen Marktpreis des Gerätes zwischen 15000 und 20000 DM erwarten. Die Weißlicht-Methode dürfte somit eine günstige, sich auf dem Markt behauptende Alternative sein, sollte sie zur Industrie-Reife weiterentwickelt werden. Insbesondere für den Einsatz zu Vergleichsmessungen in einer kontinuierlich ablaufenden Fertigung (on-line) dürfte sich das Verfahren eignen, da hierbei nur fertigungsbedingte Schwankungen der Oberflächenqualität zu bewerten sind. Die Abhängigkeit vom Bearbeitungsverfahren übt folglich keinen Einfluß aus, da immer nur in bezug auf das aktuelle gemessen wird.

Ziel zukünftiger Arbeiten sollte die Entwicklung eines industriell einsetzbaren Prototyps sein. Hierbei sind als Schwerpunkt die genannten Randbedingungen, wie sie sich innerhalb einer Fertigung ergeben, mit einzubeziehen.

Besondere Aufmerksamkeit sollte den Vorschlägen zukommen, die eine vom Oberflächeprofil unabhängige Beurteilung der Rauheit möglich erscheinen lassen.

Ein für die Zukunft wesentlicher optischer Meßkopf der in Kap. 2.3.4 beschrieben ist, bietet vom Prinzip her die besten Voraussetzungen, industriell akzeptiert zu werden, da er einerseits anschauliche Meßkurven, ähnlich wie bei Tastschnittgeräten liefert, andererseits die bestehenden mechanischen Taster ergänzen bzw. ersetzen kann.

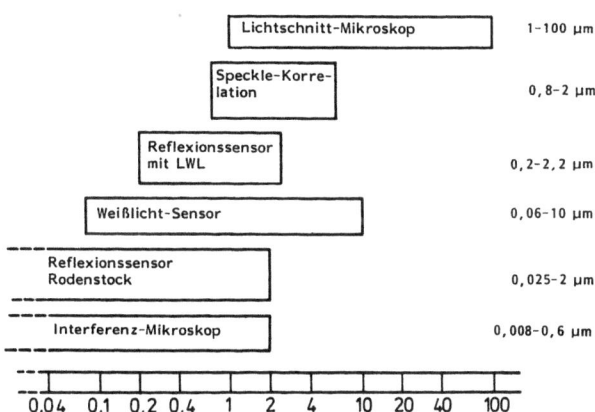

Bild 5.1: Vergleich der Leistungsfähigkeit unterschiedlicher optischer Prinzipien zur Rauheitsmessung (Meßbereichsangaben in R_a)

Ein wesentliches Hindernis für die Einführung der optischen Rauheitsmessung in die industrielle Praxis liegt in der Normungsarbeit begründet. Die in der Norm festgehaltenen Oberflächenkennwerte sollten im Hinblick auf die optischen Rauheitskennwerte modifiziert werden. Vorschläge existieren, doch aus den Erfahrungen mit der Normungsarbeit lassen sich diese nicht kurzfristig umsetzen.

6 Literaturverzeichnis

/1.1/ Autorenkollektiv Tribologie in the 80's
NASA Conference Publication 2300
Volume 1+2, Cleveland, Ohio, April 1983

/1.2/ Autorenkollektiv Oberflächentechnik.
Vorträge der SURTEC Kongresse 1981,1983
VDI-Verlag, Düsseldorf (1981,1983).

/1.3/ Warnecke, H.-J.; Fertigungsmeßtechnik – Handbuch für
Dutschke, W.: Industrie und Wissenschaft.
Springer-Verlag, Berlin, Heidelberg,
New York, Tokyo, 1984.

/1.4/ Hoffmann, D.: Handbuch Meßtechnik und Qualitäts-
sicherung.
Verlag F. Vieweg & Sohn, Braunschweig,
Wiesbaden, 1983.

/1.5/ Autorenkollektiv Technische Qualitätssicherung heute
und morgen.
Technische Akademie Esslingen, Nov. 1985.

/1.6/ Melchior, K.W.: Rationalization in visual inspection:
the task of the eighties.
Sensor Review, April 1982, S. 64-67.

/1.7/ Hayes-Roth, F.; Building Expert Systems.
Watermann, D.A.; Addison-Wesley Publishing Co. Inc.
Lenat, D.B.: 1983.

/1.8/ Winston, P.H.; LISP.
Horn, B.K.P.: Reading, Mass. Addison Wesley (1981).

/2.1/ Autorenkollektiv: Oberflächenatlas
Beuth-Verlag (1983)

/2.2/ Henzold, G.: Oberflächenmaß, Abschnitt 4.2.5 in /1.3/

/2.3/ Schmutz, W.: Fluoreszenzmeßverfahren zur Schmierfilmdickenmessung in Wälzlagern. Dissertation, Universität Stuttgart, 1984.

/2.4/ Whitehouse, D.J.: Surfaces - A link between manufacture and function.
Proc.Instn.Mech.Eng. Vol. 192, 19 (1978)

/2.5/ Hillmann, W.: Forschung und Entwicklung auf dem Gebiet der Rauheitsmessung.
Technisches Messen 5/6/7/8, 1980.

/2.6/ Thomas, T.R.: Rough Surfaces,
Longman Group Limited (1982).

/2.7/ Autorenkollektiv: Aussprachetag Oberflächenmeßtechnik, VDI/VDE-GMR, Berlin (1978)

/2.8/ DIN 4760 06.82: Gestaltsabweichungen; Begriffe, Ordnungssystem.

/2.9/ DIN 4761 17.78 Oberflächencharakter; Geometrische Oberflächentextur - Merkmale, Begriffe, Kurzzeichen.

/2.10/ DIN 4762   Teil 1 05.78 (Entwurf) Oberflächenrauheit;
                       Begriffe.

/2.11/ DIN 4768   Teil 1 08.74: Ermittlung der Rauheitsmeß-
                       größen Ra, Rz, Rmax mit elektrischen
                       Tastschnittgeräten; Grundlagen.

/2.12/ DIN 4775   06.82: Prüfen der Rauheit von Werkstück-
                       oberflächen.

/2.13/ DIN 3141   03.60 (Vornorm) Oberflächenzeichen in
                       Zeichnungen; Zuordnung der Rauhtiefen.

/2.14/ DIN ISO 1302   06.80: Technische Zeichnungen; Angabe der
                       Oberflächenbeschaffenheit in Zeichnungen.

/2.15/ DIN 4769   Teil 1 05.72: Oberflächen-Vergleichsmuster,
                       Technische Lieferbedingungen, Anwendung.

/2.16/ ISO 3274-1975: Geräte zum Messen der Oberflächenrauheit
                       nach dem Profil-Meßverfahren - Tastschnitt-
                       geräte mit fortlaufender Profilübertragung -
                       Tastschnittgeräte nach dem M-System.

/2.17/ VDI/VDE 2602   0.5.78 Rauheitsmessung mit elektrischen
                       Tastschnittgeräten.

/2.18/ VDI/VDE 2601   Blatt 1: Anforderungen an die Oberflächen-
                       gestalt zur Sicherung der Funktionstaug-
                       lichkeit spanend hergestellter Flächen;
                       Zusammenstellung der Meßgrößen.

/2.19/ Bodschwinna, H.: Möglichkeiten der Analyse und Bewertung
                       technischer Oberflächen auf der Grund-
                       lage der Tastschnittmeßverfahren.
                       Inst.f. Meßtechnik im Maschinenbau,
                       Universität Hannover.

/2.20/ Autorenkollektiv: Surface Metrology
Optical Engineering, 24(1985)3
371-427

/2.21/ Häsing, J.: Herstellung und Eigenschaften von
Referenznormalen für das Einstellen
von Oberflächenmeßgeräten.
Werkstattstechnik, 55 (1965) 8.

/2.22/ Teague, E.C.: Sinusoidal Profile Precision
Scire, F.E.; Roughness Specimens.
Vorburger, T.V.: Wear, 83 (1982), 61-73.

/2.23/ Kranz, O.: Untersuchungen des Abtastvorganges
bei der Rauheitsmessung.
PTB-Bericht, Juli 1980.

/2.24/ Bodschwinna, H.: Oberflächenprüfgeräte, Abschnitt 7.4
in /1.3/.

/2.25/ Garratt, J.D.: A New Stylus Instrument with a wide
Dynamic Range for Use in Surface
Metrology.
Prec. Eng. 4 (1982) 3, 145-151.

/2.26/ Garratt, J.D.: An Interferometric Transducer for
Surface Metrology.
Disseration, University of Aberdeen,
1977.

/2.27/ Duffin, F.C.: Electronic Interference Fringe Divider
and Counter.
Disseration, University of Aberdeen,
1975.

/2.28/ Salje, E.: Der Rauheitssensor - Ein Meßgerät
zur on-line-Messung der Oberflächenrauheit.
VI. Oberflächenkolloqium 1984
Technische Hochschule Karl-Marx-Stadt

/2.29/ Dutschke, W.; Elektrisches Messen der Oberflächenrauheit
Rau, N.: während der Bearbeitung am rotierenden
Werkstück.
Meßtechnische Briefe 13 (1977), S. 1-6.

/2.30/ N.N. Surf-Ex-Capacitance-Based
Surface Metrology.
Firmenschrift, SurfEx, Irwin, USA

/2.31/ Thurn, G.: Automatisierte Oberflächenprüfung durch
rechnergestützes Messen der Streulicht-
verteilung.
Dissertation, TU Berlin, 1984.

/2.32/ Breitinger, R.: Fehlerquellen beim pneumatischen
Längenmessen.
Dissertation, Universität Stuttgart, 1969.

/2.33/ Binnig, G.; Scanning Tunneling Microscopy.
Rohrer, H.: IBM-Research Report, San Jose,
Yorktown, Zürich, 1984.

/2.34/ Binnig, G.; Das Raster-Tunnel-Mikroskop.
Rohrer, H.: Phys. Bl. 39 (1983), Nr. 1.

/2.35/ Schmaltz, G.: Technische Oberflächenkunde,
Springer-Verlag, Berlin (1936).

/2.36/ Beckmann, P.; The Scattering of Electromagnetic
Spizzichino, A.: Waves from Rough Surfaces.
Pergamon-Press, London, New York, 1963.

/2.37/ Eckolt, K.: Messung von Oberflächenprofilen mit dem
Raster-Elektronenmikroskop - Herstellen
und Auswerten von Stereobildpaaren.
Universität Hannover, PTB-Me-44,
April 1983.

/2.38/ N.N. Lichtschnitt-Mikroskop
Gebrauchsanweisung G 60-620/e-d
Carl Zeiss, Oberkochen/Württ.

/2.39/ N.N. Automatic Optoelectronic Level Meter.
Firmenschrift Tokyo KO-ON.
DENPA Co., Ltd., Japan.

/2.40/ Schreiber, L.: 3D-Messung mit Hilfe kodierender
Beleuchtung;
aus /1.5/

/2.41/ Wyant, J.C.: Interferometric Optical Metrology.
Basic Principles and New Systems.
Laser Focus 5 (1982), 65-71.

/2.42/ N.N. Microfringe - Video Interferogram
Analysis System.
Firmenschrift Applied Micro Technology,
Tucson, Arizona, USA.

/2.43/ Ertl, F.: Aufbau und Untersuchung eines berührungslo
optisch arbeitenden Längenmeßverfahrens fü
den Einsatz in der Fertigung.
Dissertation TH Darmstadt 1978.

/2.44/ Ahlers, R.-J.; Optisches Antasten.
Thiel, S.: DGaO, VDI-VDE Gesellschaft für Feinwerk-
technik.
Tagung 12.-16. Juni 1984, Isny/Allgäu.

/2.45/ Teague, E.C.: Surface finish measurements an overview.
Technical Paper of SME, IQ75-137,
Dearborn, Michigan, 1975.

/2.46/ Teague, E.C.; Light Scattering from Manufactured
Vorburger, T.V.; Surfaces.
Maystre, D.: Annals of the CIRP Vol. 30, 1981, 563.

/2.47/ Vorburger, T.V.; Optical Tecchniques for on-line
Teague, E.C.: measurement of surface topography.
Precision Engineering 3, 61 1981.

/2.48/ Vorburger, T.V.; Surface Roughness Studies with
Teague, C.E.; DALLAS-Detector.
Scire, F.E.; Array of Laser Light Angular Scattering.
McLay, M.J.; Journal of Research on NBS, Vol. 89,
Gilsinn, D.E.: No. 1, Jan.-Feb. 1984.

/2.49/ Vorburger, T.V.; Ellipsometry of Rough Surfaces.
Luderna, K.C.: Appl. Optics, Vol. 19 (1980), No. 4.

/2.50/ Grabe, M.: Optische Prüfung mikroskopisch
rauher Oberflächen.
Dissertation, TH Braunschweig, 1970.

/2.51/ Piwonka, F.; On-line Messung der Rauhtiefe von
Gast, Th.: periodisch zerspanten Oberflächen über
die Rückstreuindikatrix.
Technisches Messen 9 (1979), 339-347.

/2.52/ Thurn, G.; Optische Meßverfahren zur Bestimmung
Gast, TH.; von Maß, Form und Oberflächengüte.
Feutlinske, K.: VDI-Bericht Nr. 408, 1981.

/2.53/ Brodmann, R.: Optisches Rauheitsmeßgerät für die
Fertigung.
Feinwerktechnik und Meßtechnik 91, 1983, 3.

/2.54/ Brodmann, R.;   Überwachung der Oberflächen in der
       Hübner, G.;   Schwinghebelfertigung mit optischem
       Rauh, N.;   Rauheitsmeßgerät.
       Staiger, W.:   Werkstatt und Betrieb 116, (983), 11.

/2.55/ Brodmann, R.;   An Optical Instrument for Measuring
       Gast, Th.;   the Surface Roughness in Production
       Thurn, G.:   Control.
                         Annals of the CIRP, Vol. 33/1/1984.

/2.56/ Thurn, G.:   Automatisierte Oberflächenprüfung
                         durch rechnergestütztes Messen der
                         Streulichtverteilung.
                         Dissertation, TU-Berlin, 1984.

/2.57/ Brodmann, R.;   Roughness and Waviness Measurement
       Gerstorfer, O.;   of Fine-Machined Surfaces by Means
       Paisdzior, H.:   of Light Scattering.
                         Conference ASNT, Las Vegas, Nov. 1985.

/2.58/ Azzam, R.M.A;   Ellipsometry and Polarized Light
       Bashara, N.M.:   North Holland, Amsterdam (1977)

/2.59/ Vorburger, T.V.; Ellipsometry of Rough Surfaces.
       Luderna, K.C.:   Appl. Opt. 19 (1980), 4. 521-573.

/2.60/ Thwaite, E.G.:   The Extension of Optical Angular
                         Scattering Techniques to the Measurement
                         of Intermediate Scale Roughness..
                         Annals of the CIRP, Vol. 31/1/1982.

/4.1/   Gabor, D.:   A New Microscope Principle.
                            Nature, 161 (1948), 777.

/4.2/   Leith, E.N.;   Reconstructed Wavefronts and Com-
         Upatnieks, J.:   munication Theory.
                             J.Opt.Soc.Am., 52 (1962), 1123.

/4.3/   Goodman, J.W.:   Introduction to Fourier Optics.
                             Mc Graw - Hill Book Company, New York
                             1968.

/4.4/   Dainty, J.C.:   Laser Speckle and Related Phenomena.
                             Topics in Applied Physics, Vol. 9
                             Springer-Verlag, 1975.

/4.5/   Erf, R.K.:   Speckle Metrology.
                             Quantum Electronics - Principles and
                             Applications.
                             Academic Press, 1978.

/4.6/   Francon, M.:   Laser Speckle and Applications
                             in Optics.
                             Academic Press, 1979.

/4.7/   Goodman, J.W.:   Statistical Properties of Laser
                             Speckle Pattern.
                             aus /4.4/, Kapitel 2.

/4.8/   Parry, G.:   Speckle Pattern in Partially Coherent
                             Light.
                             aus /4.4/, Kapitel 3.

/4.9/   Asakura, T.:   Surface Roughness Measurement.
                             aus /4.5/, Kapitel 3.

/4.10/ Leger, D.;   Real Time Measurement of Surface
       Perrin, J.C.:   Roughness by Correlation of Speckle.
                             J.Opt.Soc.Am. 66 (1976), 1210.

/4.11/ Tribillon, G.;   Speckle Image a deux Longueurs d'onde.
       Garcia, M.:   Opt. Comm. 20 (1977) 229.

/4.12/ Bitz, G.:   Verfahren zur Bestimmung von Rauheits-
                             kenngrößen durch Speckle-Korrelation.
                             Fortschritt-Berichte der VDI-Zeitschriften
                             Reihe 8, Nr. 47, VDI-Verlag, Düsseldorf
                             (1982).

/4.13/ Sprague, R.A.:   Surface Roughness Measurement Using
                             White Light Speckle.
                             Appl. Optics 11 (1972) 12,2, 811.

/4.14/ Rau, A.:   Untersuchung eines kohärent-optischen
                             Verfahrens zur Rauheitsmessung.
                             Forschung und Praxis, Schriftenreihe
                             aus dem Fraunhofer-Institut für
                             Produktionstechnik und Automatisierung,
                             Krausskopf-Verlag, (1979).

/4.15/. Pfister, B.:   Sensor zur berührungsfreien Messung
                             der Rauheit technischer Oberflächen
                             und Digitalisierung der Auswertung.
                             Diplomarbeit, Universität Stuttgart,
                             1980.

/4.16/ Leonhardt, K.;   Ein neues optisches Verfahren zur
       Pfister, B.:   schnellen berührungslosen Rauheitsmessung
                             technischer Oberflächen.
                             Optik, 58 (1981) 5, 297-319.

/4.17a/ Leonhardt, K.;   Removing Ambiguities in Surface Roughness
        Tiziani, H.J.:   Measurement.
                          Optica Acta, 29 (1982) 4, 493-499.

/4.17b/ Leonhardt, K.;   Determination of Average Roughness
        Kaufmann, E.;   and Profile Autocorrelation Width
        Tiziani, H.J.:   of Metallic Surfaces With a White
                          Light Sensor.
                          Optics Communications, 51 (1984), 6,
                          S. 363-367.

/4.18/ Born, M.;   Principles of Optics
        Wolf, E.:   Pergamon Press (1980).

/4.19/ Lutz, E.;   Systemtheorie der optischen Nach-
        Tröndle, K.:   richtentechnik.
                          Oldenbourg-Verlag, München (1983).

/4.20/ Hecht, E.;   Optics.
        Zajac, A.:   Addison-Wesley-Publsihing Company.
                          Reading, London, Tokyo, (1980).

/4.21/ Berant, M.J.;   Theory of Partial Coherence.
        Parrent, G.B.:   Prentice-Hall Inc. Englewood.
                          Cliffs (1964).

/4.22/ Menzel, E.;   Fourier-Optik und Holographie.
        Mirande, W.;   Springer-Verlag, Wien, New York,
        Weingärtner, I.: 1983.

/4.23/ Papoulis, A.:   Systems and Transforms with Appli-
                          cations in Optics.
                          Mc Graw-Hill Book Company, New York,
                          London (1968).

/4.24/ Frieden, B.R.: Probability, Statistical Optics and
Data Testing. A Problem Solving
Aproach.
Springer-Verlag, Berlin, Heidelberg,
New York (1983).

/4.25/ Bloembergen, N.: Nonlinear Optics.
Benjamin Inc. New York 1965.

/4.26/ Jackson, J.D.: Classical Eletrodynamics
John Wiley and Sons (1962).

/4.27/ Pedersen, H.M.: On the Contrast of Polychromatic
Speckle Patterns und its Dependence
on Surface Roughness.
Optica Acta, 1975, Vol. 22, No. 1.

/4.28/ Pedersen, H.M.: Object-Roughness Dependence of
Partially Developed Speckle
Patterns in Coherent Light.
Optics Communications, Vol. 16,
No. 1 (1976), 63-67.

/4.29/ Fujii, H.; Computer simulation study of image
Uozumi, J.; speckle patterns with relation to
Asakura, T.: object surface profile.
J.Opt.Soc.Am.; 66 (1976) 11, 1222-1236.

/4.30/ Mesch, F.: Beschreibung rauher Oberflächen durch
zweidimensionale Korrelationsfunktionen
und Spektren.
V. Oberflächen Kolloquium,
3.-7. März 1980, Dresden.

/4.31/ Tiziani, H.J.: aus /4.5/, Kapitel 2.

/4.32/ Whitehouse, D.J.; Two dimensional discrete properties
Phillips, M.J.: of random surfaces.
Phil. Trans.R.Soc. London A305
(1982) 441-468.

/4.33/ Maystre, D.: Electromagnetic Scattering from
Perfectly Conducting Rough Surfaces
in the Resonance Region.
IEEE Transaction on Antennas and
Propagation, Vol. AP-31,No.6 (1983)

/4.34/ Maystre, D. : Rigorous Theory of Light Scattering
from Rough Surfaces.
J. Optics (Paris), 15 (1984) 1, 43-51.

/4.35/ Garcia, N.; Exact Multiple Scattering of
Celli, V.; Waves from Random Rough Surface.
Nieto- Optics Comm. 30 (1979) 3, 279- 281.
Vesperinas, M.:

/4.36/ Nieto- Non-circular speckle contrast
Vesperinas, M.; in the exact theory of multiple
Garcia, N.: scattering of waves from random
rough surfaces.
Optics. Comm. 35 (1980) 1, 25-30.

/4.37/ Beckmann, P.: Shadowing of Random Rough Surfaces.
IEEE Trans.Ant.Prop. AP-13 (1965),
384-388.

/4.38/ Wagner, R.J.: Shadowing of Randomly Rough Surfaces.
J. Acoust Soc.Am. 41 (1967) 1.

/4.39/ Brockelman, R.: Effect of Shadowing on the Back-
Hagfors, T.: scattering of Waves from a Random
Rough Surface.
IEEE, Transactions on antennas and
propagation, AP-14 (1966) 5, 621-626

/4.40/ Stansberg, C.T.: Surface Roughness Measurement by
Means of Polychromatic Speckle
Patterns.
Appl. Opt. 18 (1979) 4051.

/4.41/ Frieden, B.R.: The Computer in Optical Research
- Methods and Applications.
Springer Verlag, Berlin (1980).

/4.42/ Brigham, E.O.: FFT-Schnelle Fourier-Transformation.
Oldenbourg-Verlag, (198).

/4.43/ Bracewell, R.M.: The Fourier Transform and its
Applications.
Mc Graw Hill, New York (1965).

/4.44/ Ahlers, R.-J.: Einsatz von Halbleiter-Lasern in
der Meßtechnik - Optische Rauheits-
messung mittels Speckle-Kontrast-
Verfahren.
Optoelektronik in der Technik,
Hrsg. Prof. W. Waidelich, Springer-
Verlag, Berlin, Heidelberg (1982).

/4.45/ Mandelbrot, B.B.: Fractals: Form, Chance and Dimension.
W.H. Freeman and Co, San Francisco,
1977.

/4.46/ Mandelbrot, B.B.: The Fractal Geometry of Nature.
W.H. Freeman and Co, San Francisco,
1983.

/4.47/ Farmer, J.D.: Dimension, Fractal Measure and
Chaotic Dynamics, in Evolution in
Order and Chaos.
Series in Synergetic, H. Haken,
ed., Springer, Berlin, New York,
1982.

/4.48/ Müssigmann, U.; Interne Mitteilungen des
Rueff, M.: Fraunhofer-Instituts für Produktionstechnik und Automatisierung, (1985).

/4.49/ Jakeman, E.: Scattering by fractal objects.
Nature, Vol. 397, No. 5947, p. 110,
January 12, 1984.

/4.50/ Jakeman, E.: Fresnel scattering by a corrugated
random surface with fractal slope.
J. Opt. Soc. Am., Vol. 72, No. 8,
August 1982.

/4.51/ Berry, M.V.: J. Phys. A 12, 781 (1979).

/4.52/ Rueff, M.; White light optical study of the
Müssigmann, U.; roughness of metallic surfaces.
Rauh, W.: Some new aspects for the inter-
pretation of the optical signals.
(Veröffentlichung ist in Vorbereitung).

/4.53/ Gardner, M.: Weiße und braune Melodien.
Schachtelkurven und 1/f Fluktuationen,
Spektrum der Wissenschaften, Juni 1980.

/4.54/ Press, W.H.: Flicker Noises in Astronomy and
Elsewhere.
Comments on Modern Physics, Gordon
and Breach, London, 1978.

/4.55/ Müssigmann, U.: Fraktale und Selbstähnlichkeit,
Diplomarbeit, Universität Stuttgart,
Mai 1985.

7 Anhang

7.1 Erzeugung von Oberflächenverteilungen durch Markov-Prozesse

Technische Oberflächen weisen Profile auf, die, abhängig vom Bearbeitungsverfahren, in der Höhenverteilung bestimmte Nachbarschaftsrelationen aufweisen. Nimmt man beispielweise gedrehte Oberflächen, so ist der Drehprozeß eindeutig in Form der Drehriefen im Oberflächenprofil wiederzuerkennen. Es ist folglich zu erwarten, daß die Autokorrelationsfunktion periodische Anteile beinhaltet, die sich bei einer optischen Bewertung "störend" auswirken. Bei geschliffenen Oberflächen wird häufig von Gaußverteilungen der Höhen ausgegangen, aber auch diese Näherungen sind unzureichend. Es wurden deshalb nachfolgend beschriebene Markov-Prozesse genutzt /4.24/, um Oberflächenprofile zu simulieren.

Markov-Prozesse zeichnen sich dadurch aus, daß die einzelnen Ereignisse des Prozesses abhängig sind von vorausgegangenen Ereignissen. Die Übergangswahrscheinlichkeit p, die die Wahrscheinlichkeit für das Auftreten des Ereignisses h_{i+1} angibt, unter der Voraussetzung das h_i vorausging, kennzeichnet im wesentlichen den gesamten Prozeßverlauf.

Auf Oberflächen bezogen heißt das (Bild A1), ausgehend vom Wert h_i ist es wahrscheinlicher, einen Höhenwert in direkter Nachbarschaft, denn weiter entfernt, zu finden.

Mit einer Gaußverteilung als Übergangswahrscheinlichkeit läßt sich das folgendermaßen ausdrücken:

$$p(h_{i+1} = h_i) > p(h_{i+1} = h_i \pm \Delta h) \quad (7.1)$$

Bild A2 gibt beispielhafte Profilverläufe mit den entsprechenden Übergangswahrscheinlichkeiten wieder.

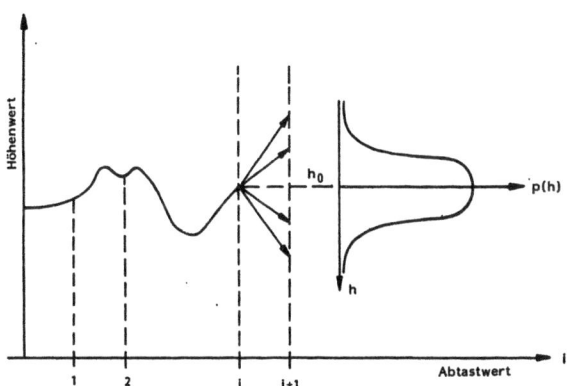

Bild A1: Erzeugung von Oberflächenprofilen durch Markov-Prozesse

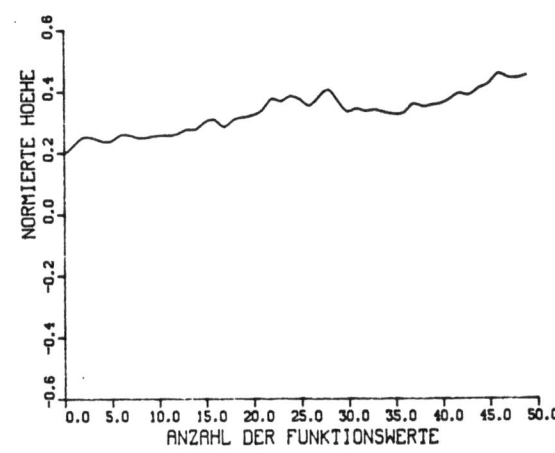

Bild A2: Oberflächenprofil, erzeugt über einen Markov-Prozeß

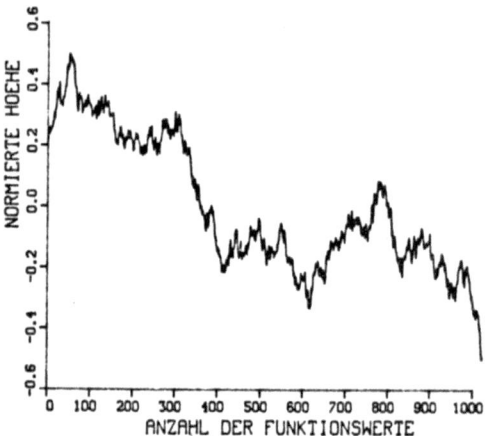

Bild A3: Oberflächenprofil, erzeugt über einen Markov-Prozeß

7.2 Photos von Phasenkontraststrukturen

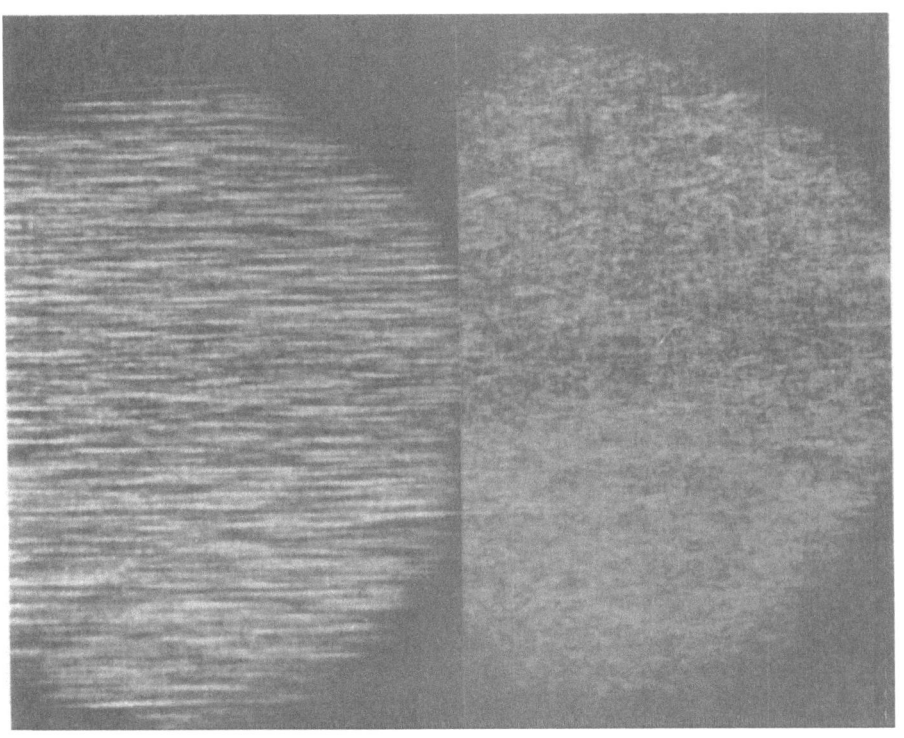

$R_a = 0,05 \mu m$ $R_a = 0,4 \mu m$

Bild A4: Phasenkontraststrukturen unterschiedlich rauher Oberflächen (vgl. auch /4.15/ und /4.16/)

7.3 Masken zur Dynamisierung des optischen Aufbaus

Masken für die Dynamisierung der optischen Rauheitsmessung durch eine rotierende Spirale und einen Rechteckspalt gemäß Kapitel 4.4.4.

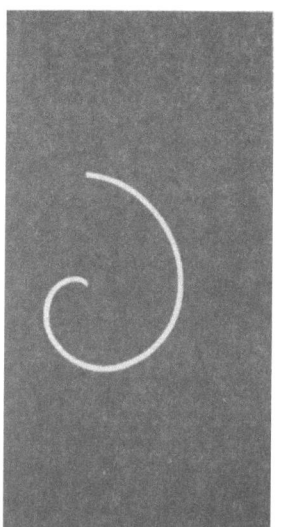 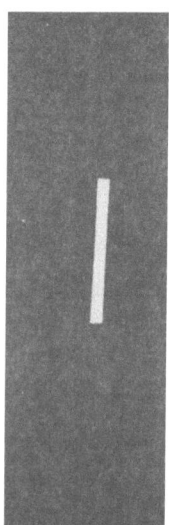

<u>Bild A5:</u> Geometrie der rotierenden Spirale (a) und des zugehörigen Rechteckspalts (b)

Die Geometrie wurde so gestaltet, daß sich für die Abtastung die Geschwindigkeit entlang einer Linie zu

$$v = u \cdot (r_a - r_i) \qquad (7.2)$$

ergab, wobei u die Winkelgeschwindigkeit, r_a den Außenradius der Spirale und r_i den Innenradius beschreiben.

7.4 Profilformen von Oberflächen

Bildfolge A6:

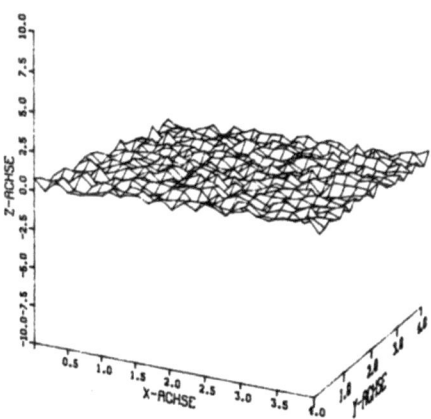

(a) Gemessene Oberfläche 01F1

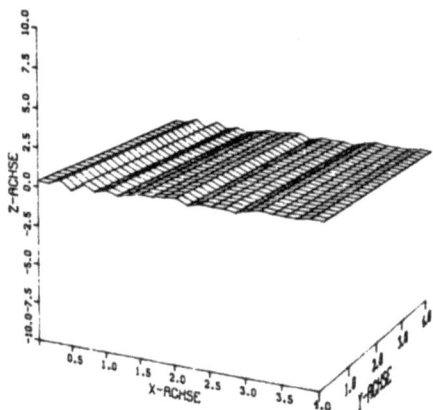

(b) Eindimensional isotrope Oberfläche

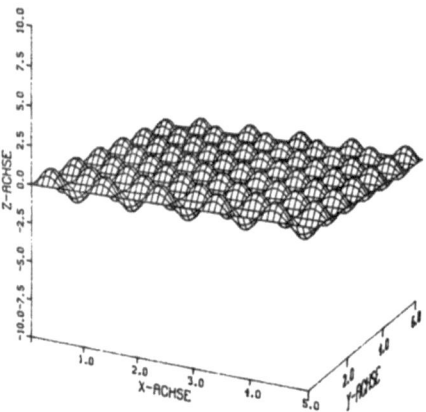

(c) Zweidimensional periodische Oberfläche

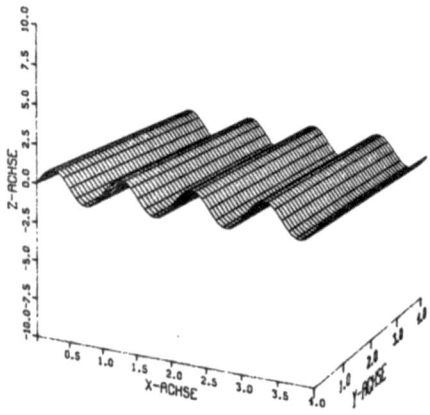

(d) Eindimensional periodische und eindimensional isotrope Oberfläche

7.5 Einfluß der spektralen Verteilung auf den optischen Kontrast

Besitzt der optische Aufbau eine spektrale Verteilungsfunktion $H(k)$, so soll nachfolgend gezeigt werden, daß unter bestimmten Voraussetzungen (z.B. quasimonochromatische Näherung) deren Autokorrelationsfunktion den wesentlichen Einfluß auf den optischen Kontrast für polychromatische Beleuchtung ausübt.

Gemäß Gleichung (4.12) bzw. (4.57) läßt sich der Ensemble-Mittelwert der Intensität I folgendermaßen schreiben:

$$<I> = \int <I(k)> \cdot H(k) \, dk \qquad (7.3)$$

Für die monochromatische Näherung, bei der $H(k)$ sehr schmalbandig um die mittlere Wellenzahl $\bar{k}$ verteilt ist, bedeutet das:

$$<I> \simeq <I(\bar{k})> \int H(k) \, dk \qquad (7.4)$$

Da in den optischen Kontrast C (vgl. Gl.(4.56)) insbesondere die Standardabweichung eingeht, heißt das:

$$<\Delta I^2> = \iint <\Delta I(k_1) \Delta I(k_2)> \, H(k_1) \cdot H(k_2) \, dk_1 dk_2 \qquad (7.5)$$

ist für den polychromatischen Verlauf maßgebend (mit $\Delta I = I - <I>$). Mit Gl.(4.50) und (7.5) ergibt sich:

$$<\Delta I^2> \simeq <I(\bar{k})^2> \int [H(k) * H(-k)] \cdot |F_{ch}(k)|^2 \, dk \qquad (7.6)$$

$H(k) * H(-k)$ stellt dabei die Autokorrelationsfunktion der spektralen Verteilung dar. Gewichtet mit der charakteristischen Funktion F_{ch} beeinflußt sie das polychromatische Verhalten des optischen Kontrastes.

IPA Forschung und Praxis

Schriftenreihe aus dem Institut für Produktionstechnik und Automatisierung, Stuttgart

Herausgeber: Prof. Dr.-Ing. H. J. Warnecke

Datenerfassung im Produktionsbereich
Von E. Bendeich. ISBN 3-7830-0117-8.
1977, 176 Seiten, kartoniert 54,— DM
Methodenauswahl für die Materialbewirtschaftung in Maschinenbau-Betrieben
Von H. Graf. ISBN 3-7830-0136-6.
1977, 144 Seiten, kartoniert 54,— DM
Systematische Auswahl von Förderhilfsmitteln für den innerbetrieblichen Materialfluß
Von W. Rau. ISBN 3-7830-0139-0
1977, 103 Seiten, kartoniert. 40,— DM
Grundlagen zur Planung von Ersatzteilfertigungen
Von E. Schulz. ISBN 3-7830-0138-2.
1977, 98 Seiten, kartoniert. 40,— DM
Rechnerunterstützte Fabrikplanung
Von B. Minten. ISBN 3-7830-0116-1
1977, 124 Seiten, kartoniert. 38,— DM
Eine Planungsmethode für automatische Montagesysteme
Von H.-G. Lohr. ISBN 3-7830-0120-X
1977, 108 Seiten, kartoniert 32,— DM
Planung und Bewertung von Arbeitssystemen in der Montage
Von H. Metzger. ISBN 3-7830-0131-5
1977, 108 Seiten, kartoniert. 40,— DM
Klassifizierungssystem für Prüfmittel der industriellen Längenprüftechnik
Von R. Czetto. ISBN 3-7830-0144-7
1978, 181 Seiten, kartoniert 64,— DM
Rechnerunterstützte Montageplanung
Von O. Hirschbach. ISBN 3-7830-0149-8
1978, 146 Seiten, kartoniert 52,— DM
Rechnerunterstützte Entwicklung von Simulationsmodellen für Unternehmensplanspiele
Von A. Moker. ISBN 3-7830-0147-1
1978, 181 Seiten, kartoniert 64,— DM
Arbeitsplatzanalysen zur Ermittlung der Einsatzmöglichkeiten und Anforderungen an Industrieroboter
Von G. Herrmann. ISBN 37830-0151-X
1978, 113 Seiten, kartoniert 40,— DM
MFSP — Ein Verfahren zur Simulation komplexer Materialflußsysteme
Von G. Stemmer. ISBN 3-7830-0118-8.
1977, 140 Seiten, kartoniert 60,— DM
Berührungslose Erkennung durch Positionsbestimmung von Objekten durch inkohärent-optische Korrelation
Von M. König. ISBN 3-7830-0137-4
1977, 110 Seiten, kartoniert. 40,— DM
Auslegung von Störungspuffern in kapitalintensiven Fertigungslinien
Von R. v. Stetten. ISBN 3-7830-0140-4
1977, 154 Seiten, kartoniert. 56,— DM
Flexible Transportablaufsteuerung
Von G. Romer. ISBN 3-7830-0114-5.
1977, 188 Seiten, kartoniert. 60,— DM
Rechnergestützte Realplanung von Fabrikanlagen
Von T.-K. Sauter. ISBN 3-7830-0119-6
1977, 108 Seiten, kartoniert 32,— DM
Systematisches Auswählen und Konzipieren von programmierbaren Handhabungsgeräten
Von R. D. Schraft. ISBN 3-7830-0115-3
1977, 108 Seiten, kartoniert 32,— DM
Auslandsproduktion
Von W. Cypris. ISBN 3-7830-0145-5
1978, 126 Seiten, kartoniert 42,— DM
Wirtschaftlicher Einsatz von Mehrkoordinatenmeßgeräten
Von M. Dietzsch. ISBN 3-7830-0148-X.
1978, 142 Seiten, kartoniert 52,— DM
Fertigungssteuerung bei flexiblen Arbeitsstrukturen
Von K.-G. Lederer. ISBN 3-7830-0146-3.
1978, 126 Seiten, kartoniert 42,— DM

Stufenweise Ableitung eines praktischen Planungssystems für den Entwicklungsbereich
Von R. Hichert. ISBN 3-7830-0149-8.
1978, 151 Seiten, kartoniert. 52,— DM

Produktionsplanung mit Auftragsfamilien
Von U. W. Geitner. ISBN 3-7830-0161.7
1979, 110 Seiten, kartoniert. 45,— DM

Thermisch-chemisches Entgraten
Von T. Wagner ISBN 3-7830-0164-1
1979, 111 Seiten, kartoniert. 45,— DM

Untersuchung der Materialflußkosten bei ausgewählten Systemen der Zentralen Arbeitsverteilung
Von R. Wenzel ISBN 3-7830-0162-5
1979, 168 Seiten, kartoniert 86,— DM

Anpassung und Einführung eines Planungssystems für die Ablaufplanung im Konstruktionsbereich
Von W. Dangelmaier ISBN 3-7830-0163-3
1979, 168 Seiten, kartoniert. 80,— DM

Längenmessungen an bewegten Teilen mit berührungslos wirkenden Aufnehmern
Von H. Lang. ISBN 3-7830-0157-9
1979, 89 Seiten, kartoniert 42,— DM

Untersuchung multistabiler Strömungselemente und ihr Einsatz in sequentiellen Steuerungen
Von A. Ernst ISBN 3-7830-0157-9.
1979, 122 Seiten, kartoniert 48,— DM

Taktile Sensoren für programmierbare Handhabungsgeräte
Von M. Schweizer ISBN 3-7830-0158-7
1979, 91 Seiten, kartoniert. 42,— DM

Die rechnerunterstützte Prüfplanung
Von P. Blasing ISBN 3-7830-0152-8
1979, 100 Seiten, kartoniert. 44,— DM

Verfahren zur Fabrikplanung im Mensch-Rechner-Dialog am Bildschirm
Von W. Ernst ISBN 3-7830-0156-0.
1979, 218 Seiten, kartoniert. 72,— DM

Rechnerunterstütztes Verfahren zur Leistungsabstimmung von Mehrmodell-Montagesystemen
Von M. Gorke ISBN 3-7830-0155-2
1979, 139 Seiten, kartoniert 50,— DM

Standortbezogene Betriebsmittel
Von G. Pflieger ISBN 3-7830-0167-6
1979, 127 Seiten, kartoniert. 52 DM

Die betriebswirtschaftliche Beurteilung neuer Arbeitsformen
Von B.-H. Zippe ISBN 3-7830-0168-4
1979, 350 Seiten, kartoniert. 98,— DM

Untersuchung des Arbeitsverhaltens programmierbarer Handhabungsgeräte
Von B. Brodbeck. ISBN 3-7830-0169-2
1979, 117 Seiten, kartoniert 48,— DM

Untersuchung eines kohärent-optischen Verfahrens zur Rauheitsmessung
Von N. Rau ISBN 3-7830-0174-9
1979, 117 Seiten, kartoniert 48,— DM

Entwicklung einer programmierbaren, pneumatischen Steuerung
Von D. Klemenz ISBN 3-7830-0171-4
1979, 93 Seiten, kartoniert. 42,— DM

IPA Forschung und Praxis

Berichte aus dem Fraunhofer-Institut für Produktionstechnik und Automatisierung, Stuttgart, und dem Institut für Industrielle Fertigung und Fabrikbetrieb der Universität Stuttgart

Herausgeber: Prof. Dr.-Ing. H. J. Warnecke

---

38 **Arbeitsgangterminierung mit variabel strukturierten Arbeitsplänen — Ein Beitrag zur Fertigungssteuerung flexibler Fertigungssysteme**
Von U. Maier ISBN 3-540-10213-2
1980, 111 Seiten mit 45 Abbildungen   43.— DM

39 **Kapazitätsabgleich bei flexiblen Fertigungssystemen**
Von P. S. Nieß ISBN 3-540-10372-4
1980, 151 Seiten mit 57 Abbildungen   48.— DM

40 **Schichtdickenverteilung auf galvanisierten Paßteilen am Beispiel kleiner abgesetzter Wellen und Bohrungen**
Von D. Wolfhard. ISBN 3-540-10373-2
1980, 177 Seiten mit 83 Abbildungen   48.— DM

41 **Planung von Mehrstellenarbeit unter Berücksichtigung von Umfeldaufgaben**
Von S. Haußermann ISBN 3-540-10374-0
1980, 136 Seiten mit 59 Abbildungen   48.— DM

42 **Untersuchungen zur Schmierfilmdicke in Druckluftzylindern — Beurteilung der Abstreifwirkung und des Reibungsverhaltens von Pneumatikdichtungen mit Hilfe eines neu entwickelten Schmierfilmdicken-meßverfahrens**
Von R. Kohnlechner ISBN 3-540-10375-9
1980, 100 Seiten mit 38 Abbildungen und 4 Tabellen   43.— DM

43 **Typologie zum überbetrieblichen Vergleich von Fertigungssteuerungsverfahren im Maschinenbau**
Von G. Rabus ISBN 3-540-10376-7
1980, 174 Seiten mit 88 Abbildungen und 21 Tafeln   48.— DM

44 **System zur Planung des Umlaufbestandes in Betrieben mit Serienfertigung**
Von K.-G. Wilhelm ISBN 3-540-10377-5
1980, 142 Seiten mit 67 Abbildungen und 15 Tafeln   48.— DM

45 **Rechnerunterstützte Arbeitsplanerstellung mit Kleinrechnern, dargestellt am Beispiel der Blechbearbeitung**
Von N. Hoheisel ISBN 3-540-10505-0
1981, 169 Seiten mit 74 Abbildungen   48.— DM

46 **Beitrag zur Verbesserung der Wirtschaftlichkeit EDV-unterstützter Fertigungssteuerungssysteme durch Schwachstellenanalyse**
Von J. Lienert ISBN 3-540-10506-9
1981, 148 Seiten mit 37 Abbildungen   48.— DM

47 **Die Abscheidung von Öl an Entlüftungsöffnungen drucklufttechnischer Anlagen**
Von W.-D. Kiessling ISBN 3-540-10604-9
1981, 117 Seiten mit 48 Abbildungen und 3 Tabellen   43.— DM

48 **Dynamische Optimierung technisch-ökonomischer Systeme**
Von J. Warschat. ISBN 3-540-10717-7
1981, 132 Seiten mit 60 Abbildungen   43.— DM

49 **Bildsensor zur Mustererkennung und Positionsmessung bei programmierbaren Handhabungsgeräten**
Von H. Geißelmann. ISBN 3-540-10735-5.
1981, 125 Seiten mit 52 Abbildungen.   43.— DM

50 **Verfügbarkeitsberechnung für komplexe Fertigungseinrichtungen**
Von Ekkehard Gericke. ISBN 3-540-10779-7
1981, 132 Seiten mit 71 Abbildungen.   43.— DM

51 **Materialflußgestaltung in Fertigungssystemen**
Von Willi Rößner. ISBN 3-540-10888-2.
1981, 149 Seiten mit 76 Abbildungen.   48.— DM

52 **Beitrag zur Analyse der Auswirkungen der Mikroelektronik, dargestellt am Beispiel der Büromaschinen-Industrie**
Von Werner Neubauer. ISBN 3-540-10991-9.
1981, 145 Seiten mit 27 Abbildungen und 47 Tabellen.   43.— DM

53 **Modelle von Informationssystemen zur kurzfristigen Fertigungssteuerung und ihre Gestaltung nach betriebsspezifischen Gesichtspunkten**
Von Roland Gentner. ISBN 3-540-10992-7.
1981, 181 Seiten mit 69 Abbildungen und 7 Tabellen.   48.— DM

54 **Entwicklung von Verfahren zur Terminplanung und -steuerung bei flexiblen Montagesystemen**
Von Jürgen H. Kolle. ISBN 3-540-11227-8.
1981, 132 Seiten mit 64 Abbildungen und 1 Faltplan   43.— DM

55 **Arbeits- und Kapazitätsteilung in der Montage**
Von Stefan Dittmayer ISBN 3-540-11228-6.
1981, 124 Seiten und 56 Abbildungen   43.— DM

56 **Beitrag zur systematischen Planung der Qualitätsprüfung bei Klein- und Mittelserienfertigung**
Von Herbert Babic. ISBN 3-540-11325-8
1982, 108 Seiten mit 38 Abbildungen und 7 Tabellen.   53.— DM

57 **Methode zur rechnerunterstützten Einsatzplanung von programmierbaren Handhabungsgeräten**
Von Uwe Schmidt-Streier. ISBN 3-540-11355-X.
1982, 188 Seiten mit 72 Abbildungen. 53.— DM

58 **Werkstoff- und Energiekennwerte industrieller Lackieranlagen, am Beispiel der Automobilindustrie**
Von Rainer Manfred Thiel. ISBN 3-540-11356-8.
1982, 116 Seiten mit 59 Abbildungen. 53.— DM

59 **Maßnahmen zum Verbessern der pneumatischen Lackzerstäubung – Teilchengrößenbestimmung im Spritzstrahl –**
Von Klaus Werner Thömer. ISBN 3-540-11507-2.
1982, 162 Seiten mit 94 Abbildungen und 1 Tabelle. 53.— DM

60 **Ermittlung und Bewertung von Rationalisierungsmaßnahmen im Produktionsbereich**
Von Jürgen Schilde. ISBN 3-540-11730-X.
1982, 158 Seiten mit 57 Abbildungen. 53.— DM

61 **Untersuchung von Verfahren der Reihenfolgeplanung und ihre Anwendung bei Fertigungszellen**
Von Mohamed Osman. ISBN 3-540-11747-4.
1982, 124 Seiten mit 32 Abbildungen und 3 Tabellen. 53.— DM

62 **Ein Simulationsmodell zur Planung gruppentechnologischer Fertigungszellen**
Von Volker Saak. ISBN 3-540-11747-4.
1982, 134 Seiten mit 53 Abbildungen. 53.— DM

63 **Verfahren zur technischen Investitionsplanung automatisierter Fertigungsanlagen**
Von Günter Vettin. ISBN 3-540-11747-4.
1982, 134 Seiten mit 63 Abbildungen. 53.— DM

64 **Pneumatische Sensoren zur prozeßsimultanen Messung des Werkzeugverschleißes und zur Kollisionsvermeidung beim Messerkopffräsen**
Von Wolfgang Jentner. ISBN 3-540-11747-4.
1982, 126 Seiten mit 47 Abbildungen und 6 Tabellen. 53.— DM

65 **Rechnerunterstützte Gestaltung ortsgebundener Montagearbeitsplätze, dargestellt am Beispiel kleinvolumiger Produkte**
Von Eberhard Haller. ISBN 3-540-12015-7.
1982, 130 Seiten mit 43 Abbildungen. 53.— DM

66 **Fernsehüberwachung von Schutzgasschweißvorgängen mit abschmelzender Elektrode MIG – MAG**
Von Ruprecht Niepold. ISBN 3-540-12181-7.
1983, 178 Seiten mit 73 Abbildungen und 5 Tabellen. 58.— DM

67 **Entwicklung flexibler Ordnungssysteme für die Automatisierung der Werkstückhandhabung in der Klein- und Mittelserienfertigung**
Von Karl Weiss. ISBN 3-540-12455-1.
1983, 116 Seiten mit 68 Abbildungen. 58.— DM

68 **Automatisierte Überwachungsverfahren für Fertigungseinrichtungen mit speicherprogrammierten Steuerungen**
Von Werner Eißler. ISBN 3-540-12456-X.
1983, 128 Seiten mit 66 Abbildungen. 58.— DM

69 **Prozeßüberwachung beim Galvanoformen**
Von Jürgen Wilhelm Böcker. ISBN 3-540-12457-8.
1983, 118 Seiten mit 32 Abbildungen. 58.— DM

70 **LAPEX – Ein rechnerunterstütztes Verfahren zur Betriebsmittelzuordnung**
Von Stephan Mayer. ISBN 3-540-12490-X.
1983, 162 Seiten mit 34 Abbildungen und 2 Tabellen. 58.— DM

71 **Gestaltung eines integrierten Produktionssystems für die Sortenfertigung unter Einsatz der Clusteranalyse**
Von Gerald Weber. ISBN 3-540-12650-3.
1983, 194 Seiten mit 54 Abbildungen. 58.— DM

72 **Gußputzen mit sensorgeführten, programmierbaren Handhabungsgeräten**
Von Eberhard Abele. ISBN 3-540-12651-1.
1983, 133 Seiten mit 66 Abbildungen. 58.— DM

73 **Untersuchungen zur Herstellung und zum Einsatz galvanogeformter Erodierelektroden**
Von Harald Müller. ISBN 3-540-12822-0.
1983, 148 Seiten mit 78 Abbildungen. 58.— DM

74 **Ein Beitrag zur Optimierung der Prozeßführungsstrategien automatisierter Förder- und Materialflußsysteme**
Von Hans Steffens. ISBN 3-540-12968-5.
1983, 161 Seiten mit 60 Abbildungen. 58.— DM

75 **Entwicklung eines Verfahrens zur wertmäßigen Bestimmung der Produktivität und Wirtschaftlichkeit von Personalentwicklungsmaßnahmen in Arbeitsstrukturen**
Von Christian Müller. ISBN 3-540-13041-1.
1983, 129 Seiten mit 34 Abbildungen. 58.— DM

76 **Berechnung der Gestaltänderung von Profilen infolge Strahlverschleiß**
Von Wolfgang Marx. ISBN 3-540-13054-3.
1983, 121 Seiten mit 58 Abbildungen. 58.— DM

77 **Algorithmen zur flexiblen Gestaltung der kurzfristigen Fertigungssteuerung**
Von Rudolf E. Scheiber. ISBN 3-540-13500-6.
1984, 150 Seiten mit 73 Abbildungen und 1 Tabelle. 63.— DM

78 **Galvanisieren mit moduliertem Strom**
Von Jürgen Wolfgang Mann. ISBN 3-540-13733-5.
1984, 145 Seiten und 58 Abbildungen. 63.— DM

79 **Fluoreszenzmeßverfahren zur Schmierfilmdickenmessung in Wälzlagern**

IPA-IAO Forschung und Praxis

Berichte aus dem Fraunhofer-Institut für Produktionstechnik und
Automatisierung (IPA), Stuttgart, Fraunhofer-Institut für Arbeitswirtschaft
und Organisation (IAO), Stuttgart, und Institut für Industrielle Fertigung
und Fabrikbetrieb der Universität Stuttgart

Herausgeber: Prof. Dr.-Ing. H. J. Warnecke und Prof. Dr.-Ing. H.-J. Bullinger

---

80 **Flexibilität und Kapazität von Werkstückspeichersystemen**
Von Bernhard Graf. ISBN 3-540-13970-2.
1984, 115 Seiten mit 71 Abbildungen. 63,— DM

T1 **Flexible Fertigungssysteme**
17. IPA-Arbeitstagung zusammen mit der 3. Internationalen Konferenz
„Flexible Manufacturing Systems (FMS-3)", ISBN 3-540-13807-2.
1984, 249 Seiten mit zahlreichen Abbildungen. 118,— DM

T2 **Integrierte Bürosysteme**
3. IAO-Arbeitstagung. ISBN 3-540-13978-8.
1984, 633 Seiten mit zahlreichen Abbildungen. 168,— DM

81 **Rechnerunterstützte Planung von Montageablaufstrukturen für Erzeugnisse der Serienfertigung**
Von Ernst-Dieter Ammer. ISBN 3-540-15056-0.
1985, 120 Seiten mit 1 Faltblatt und 33 Abbildungen. 63,— DM

82 **Flexibilität von personalintensiven Montagesystemen bei Serienfertigung**
Von Heinrich Vähning. ISBN 3-540-15093-5.
1985, 152 Seiten mit 49 Abbildungen. 63,— DM

83 **Ordnen von Werkstücken mit programmierbaren Handhabungsgeräten und Werkstückerkennungssensoren**
Von Ingo Schmidt. ISBN 3-540-15375-6.
1985, 111 Seiten mit 66 Abbildungen. 63,— DM

84 **Systematische Investitionsplanung**
Von Jorge Moser. ISBN 3-540-15370-5.
1985, 190 Seiten mit 69 Abbildungen. 63.— DM

T3 **Montage · Handhabung · Industrieroboter**
Internationaler MHI-Kongreß im Rahmen der Hannover-Messe '85. ISBN 3-540-15500-7.
1985, 267 Seiten mit zahlreichen Abbildungen. 128,— DM

85 **Flexible Montagesysteme – Konzeption und Feinplanung durch Kombination von Elementen**
Von Peter Konold / Bernd Weller. ISBN 3-540-15606-2.
1985, 162 Seiten mit 71 Abbildungen und 9 Tabellen. 63,— DM

T4 **Menschen · Arbeit · Neue Technologien**
4. IAO-Arbeitstagung zusammen mit der 2. Internationalen Konferenz
„Human Factors in Manufacturing". ISBN 3-540-15763-8.
1985, 442 Seiten mit zahlreichen Abbildungen. 168,— DM

86 **Leitstandunterstützte kurzfristige Fertigungssteuerung bei Einzel- und Kleinserienfertigung**
Von Lothar Aldinger. ISBN 3-540-15903-7.
1985, 151 Seiten mit 49 Abbildungen und 2 Tabellen. 63,— DM

87 **Bestimmen des Bürstenverhaltens anhand einer Einzelborste**
Von Klaus Przyklenk. ISBN 3-540-15956-8.
1985, 117 Seiten mit 74 Abbildungen. 63,— DM

88 **Montage großvolumiger Produkte mit Industrierobotern**
Von Jörg Walther. ISBN 3-540-16027-2.
1985, 125 Seiten mit 58 Abbildungen. 63,— DM

89 **Algorithmen und Verfahren zur Erstellung innerbetrieblicher Anordnungspläne**
Von Wilhelm Dangelmaier. ISBN 3-540-16144-9.
1986, 268 Seiten mit 79 Abbildungen. 68,— DM

90 **Bewertung der Instandhaltung von Fertigungssystemen in der technischen Investitionsplanung**
Von Hagen U. Uetz. ISBN 3-540-16166-X.
1986, 129 Seiten mit 38 Abbildungen. 68,— DM

91 **Entgraten durch Hochdruckwasserstrahlen**
Von Manfred Schlatter. ISBN 3-540-16172-4.
1986, 167 Seiten mit 89 Abbildungen und 18 Tabellen. 68,— DM

92 **Werkstückorientierte Verfahrensauswahl zum Gußputzen mit Industrierobotern**
Von Wolfgang Sturz. ISBN 3-540-16224-0.
1986, 156 Seiten mit 59 Abbildungen. 68,— DM

93 **Verfahren zur Verringerung von Modell-Mix-Verlusten in Fließmontagen**
Von Reinhard Koether. ISBN 3-540-16499-5.
1986, 175 Seiten mit 46 Abbildungen und 1 Tabelle. 68,— DM

94 **Entwicklung und Einsatz eines interaktiven Verfahrens zur Leistungsabstimmung von Montagesystemen**
Von Günter Schad. ISBN 3-540-16978-4.
1986, 120 Seiten mit 31 Abbildungen und 1 Tabelle.　　　　　　　　　　　　　　　　　68,– DM

95 **Qualifizierung an Industrierobotern**
Von Wolfgang Bachl. ISBN 3-540-17018-9.
1986, 218 Seiten mit 30 Abbildungen.　　　　　　　　　　　　　　　　　　　　　　68,– DM

96 **Rechnersimulation des Beschichtungsprozesses beim Elektrotauchlackieren – Anwendung zum Berechnen des Umgriffs**
Von Otto Baumgärtner. ISBN 3-540-17102-9.
1986, 113 Seiten mit 42 Abbildungen.　　　　　　　　　　　　　　　　　　　　　68,– DM

97 **Ergonomische Gestaltung von Rotationsstellteilen für grob- und sensomotorische Tätigkeiten**
Von Werner F. Muntzinger. ISBN 3-540-17247-5.
1986, 135 Seiten mit 51 Abbildungen und 33 Tabellen.　　　　　　　　　　　　　　　68,– DM

98 **Die optische Rauheitsmessung in der Qualitätstechnik**
Von R.-J. Ahlers. ISBN 3-540-17242-4.
1986, 133 Seiten mit 56 Abbildungen und 2 Tabellen.　　　　　　　　　　　　　　　68,– DM

If you have any concerns about our products,
you can contact us on
ProductSafety@springernature.com

In case Publisher is established outside the EU,
the EU authorized representative is:
**Springer Nature Customer Service Center GmbH
Europaplatz 3, 69115 Heidelberg, Germany**

Printed by Libri Plureos GmbH
in Hamburg, Germany